青少年科技创新大赛丛书

3D创意设计
从入门到参赛

张 帆 丛书主编

蒋云飞 张东青 周鹏 主编

人民邮电出版社

北京

图书在版编目（CIP）数据

3D 创意设计从入门到参赛 ／ 蒋云飞，张东青，周鹏
主编. -- 北京：人民邮电出版社，2025. --（青少年科
技创新大赛丛书）. -- ISBN 978-7-115-65183-9

Ⅰ. TB4-49

中国国家版本馆 CIP 数据核字第 2024U1J362 号

内 容 提 要

在青少年科技创新类赛项中，3D 创意设计是参与人数众多、影响力大、颇具创新力的
赛项，其中具有代表性的赛项是教育部教育技术与资源发展中心举办的中小学生信息素养
提升实践活动。本书收集并解析历年来中小学生信息素养提升实践活动中 3D 创意设计赛
项的获奖案例，是一本针对 3D 创意设计类赛项的全面指南。通过精心梳理和提炼，本书
详细展示从创意构思、结构设计到建模完成及成果展示的整个创作与参赛过程，并以简洁
明了的语言和实例引导读者更好地了解此类赛项并获得参与成果。

本书不仅注重技术知识的传授，更着重于培养读者的创新思维，为希望参与此类活动
的师生提供明确的方向与指引。此外，书中还融入了对历年获奖作品的分析，以及教学实
施过程中的经验与教训，旨在推动创客文化在中小学的蓬勃发展。

无论你是初涉此领域渴望了解创客文化和创客竞赛的基本理念与运作机制的探索者，
还是已有一定经验的实践者，本书都将为你提供有价值的指导与参考。同时，教育工作者、
学生及热爱创意与 3D 建模的读者，都能从中获得丰富的灵感和实用的技巧。

让我们一起在 3D 创意设计的海洋中遨游，创造更多的精彩！

◆ 主　编　蒋云飞　张东青　周　鹏
　　责任编辑　李永涛
　　责任印制　王　郁　胡　南
◆ 人民邮电出版社出版发行　　北京市丰台区成寿寺路 11 号
　　邮编　100164　电子邮件　315@ptpress.com.cn
　　网址　https://www.ptpress.com.cn
　　临西县阅读时光印刷有限公司印刷
◆ 开本：700×1000　1/16
　　印张：10.5　　　　　　　　2025 年 3 月第 1 版
　　字数：190 千字　　　　　　2025 年 3 月河北第 1 次印刷

定价：69.90 元

读者服务热线：(010)81055410　印装质量热线：(010)81055316
反盗版热线：(010)81055315

丛书序 ▶▶

党的二十大报告提出，必须坚持"创新是第一动力"，"坚持创新在我国现代化建设全局中的核心地位"。把握发展的时与势，有效应对前进道路上的重大挑战，提高发展的安全性，都需要把发展基点放在创新上。只有坚持创新是第一动力，才能推动生产力高质量发展，塑造我国的国际合作和竞争新优势。

在当今时代，创新是科学研究或企业发展的基础，它已经深入社会的每一个角落。为适应时代的发展，创新教育格外重要。创新教育鼓励学生摆脱被动的学习方式，通过实践、探索和体验，积极地掌握知识与技能。这种教育模式旨在培养学生的创新思维和解决问题的能力，为他们未来在各个领域的颠覆性创新打下坚实的基础。

"青少年科技创新大赛丛书"正是基于这种教育理念编写的。该丛书由创新教育专家、竞赛评委、一线获奖名师精心研讨编写，汇集了全国众多创客名师的教学和竞赛经验，这不仅是一套书，还是一套完整的创新入门课程。该丛书提供了项目学习过程中所需的相关配套数字资源，为师生提供了明确的教学指引和自学支持，能够帮助全国各地师生达成从入门到参赛的快速提升。

该丛书围绕3D创意设计、创客制作、人工智能、工程挑战4门主要课程，提供了系统而富有趣味的学习内容。该丛书所选案例均来自教育部审核并公示的面向中小学生的全国性竞赛活动，与省、市级的竞赛活动衔接。该丛书通过项目引路的形式，对一个个学生的作品进行深入解析，剖析其背后的学习和思考路径，由易到难、由浅入深地完整展现了创新项目学习所需的全环节和全过程，并确保每个项目、每个工程都具有实际的教育意义和应用价值。

相信该丛书能为中小学生、科技创新教育工作者、教师提供有价值的案例和思路，为学校科技创新特色发展模式的构建提供参考，为我国未来科技创新人才的培养贡献力量。

北京中望数字科技有限公司教育发展部总经理　王长民

2025年1月

前 言 ▶▶

随着科技的不断进步和创意相关产业的蓬勃发展，3D设计已经渗透到我们生活的方方面面。为了激发广大中小学生的学习热情，提升小创客们参赛的实战水平，数十位全国获奖创客教师一起编写了这本关于3D创意设计竞赛的书。

本书旨在为广大中小学师生提供一个全面、系统、实用的3D创意设计竞赛指南。通过梳理历届竞赛的成功案例，分享设计经验和技巧，编者希望能够帮助读者了解3D创意设计竞赛的基本要求，掌握设计的基本原理和方法，并激发小创客们的创造力和设计灵感。在本书的编写过程中，编者注重理论与实践相结合，既介绍3D创意设计的基本理论和技术，又通过案例分析和实战演练等方式，让读者能够亲身感受设计的魅力和挑战。同时，编者还特别注重培养学生的创新思维和实践能力，鼓励学生敢于尝试、勇于创新，不断挑战自己。

此外，本书还具有较强的实用性和可操作性。本书详细介绍青少年3D创意设计软件3D One的使用方法和操作技巧，帮助读者快速掌握该软件的基本功能和使用技巧。同时，本书包含非常详细的案例讲解和配套的高清视频教程，方便读者学习和参考。

本书配套资源中包含书中案例的源文件及相关教学视频文件等。读者可以扫描封底二维码，关注"AI创客之帆"公众号，发送"11001"后，获得配套资源的下载链接和提取码；将下载链接复制到浏览器中并访问下载页面，输入提取码下载配套资源。

书中引用了很多同学和老师的研究成果，在此向他们表示深深的谢意！没有这些研究成果的加入，本书难成体系。

由于编者水平有限，书中不妥之处在所难免，热忱欢迎广大读者批评指正（联系邮箱：jinglingyaosai@126.com）。

编者
2025年1月

丛书编委会

主编

    张 帆

副主编

    蒋云飞　熊春复　李 博　彭 莉

专家顾问（排名不分先后）

    张淑芳　孙洪波　何若晖　谢 琼　郭丽静　任鹏宇　蔡 琴　石润甫　李欣欣

    蒋 礼　林 山　安文凤　江丽梅　孙小洁　钟嘉怡　何 超　杜明明　康文霞

本书编委会

主编

    蒋云飞　重庆市电子学会青少年信息技术与人工智能专业委员会

    张东青　辽宁省抚顺市望花区中心小学校

    周 鹏　广西壮族自治区柳州市壶西实验中学

副主编

    王增福　山东省莘县新城高级中学

    张威亮　江西省萍乡中学

    彭金飞　湖南省宁乡市回龙铺镇中心小学

    王秀辉　吉林省德惠市第十一中学

    张小雷　陕西省铜川市第一中学

编委（排名不分先后）

    陈 毅　湖南省长沙市长郡梅溪湖中学

    关亚峰　辽宁省本溪市南芬区实验小学

    温钦辉　广东省兴宁市实验学校

    路 涛　安徽省太和县三堂镇第四小学

杨基松　　　四川省广安电力职业技术学校
高彦召　　　河北省石家庄市鹿泉区山尹村镇龙凤湖学校
冉秋霞　　　重庆市西南大学附属中学校
郑　璐　　　湖南省长沙市自贸临空实验学校
叶　俊　　　安徽省芜湖市高安中心小学
黄　青　　　广东省深圳市宝安区海旺学校
张文宇　　　北京师范大学大连普兰店区附属学校
范雪莲　　　重庆市荣昌初级中学
周　念　　　重庆两江新区西大附中金州学校
熊春复　　　湖南省长沙铁路第一中学
刘丽彩　　　新疆维吾尔自治区乌鲁木齐市高级中学
金光华　　　辽宁省抚顺市教师进修学院
李　晶　　　黑龙江省汤原县吉祥乡学校
杨　波　　　广西壮族自治区桂林市逸仙中学

鸣谢

北京中望数字科技有限公司
i3DOne 社区

目 录 ▶▶

第1篇 基础入门

第2篇 竞赛获奖案例解析

第7章 **低碳生活治理志愿服务车** 129

附录 **历年获奖案例集锦** 151

01

第1篇
基础入门

　　亲爱的读者，在数字化时代背景下，建模技术已广泛应用于各个领域，包括个性化物品设计、科学研究及创客制作活动等。若你对建模充满热情，期望掌握这项技能，本篇将为你提供从零开始的学习途径。接下来，你将步入一段神奇的创作之旅。如同传说中的神笔马良，你将拥有将脑海中的想象变为现实的"神技"，而"神笔"便是 3D One 软件。掌握 3D One 软件建模，意味着你可以将脑海中的构思呈现在现实世界中。你是否对掌握这款神奇软件充满期待？又是否担心自己学不会？无须忧虑，本书将从零开始，一步步引导你学习，从软件的下载安装到窗口组成介绍，从了解工具栏各式工具的名称到功能解析，从简单实体堆叠到草图绘制，从基础雏形到美化渲染，本篇将引领你进入建模知识丰富的社区。

　　现在，让我们一起踏上这段激动人心的建模之旅吧！

第1章
3D创意设计入门

随着互联网技术的不断进步和科技革命的推动，教育模式也在持续创新与发展。其中，创客教育作为一种新兴的教育模式，已逐渐走入校园，成为教育体系的重要组成部分。近年来，我国众多学校纷纷设立了创客教育课程和创客教育空间，3D创意设计作为校园创客教育的核心教学内容，已深入人心。

本章我们将揭开3D创意设计的神秘面纱，带领大家一同探索3D创意设计的无限魅力。在这个过程中，我们将深入了解3D创意设计的内涵与外延，感受其独特的魅力。

1.1 ▶ 什么是3D创意设计

3D创意设计是通过运用3D设计软件在计算机上构建3D模型，以真实地呈现脑海中构思的设计效果，如图1-1所示。它是一门涵盖数学、工程、科学和艺术等多学科的综合性课程。

图 1-1

3D创意设计作为3D技术不仅应用于构建和展示3D模型、场景以及动画效果，还可用于打造真实感十足的虚拟现实体验。它不仅在3D打印技术方面有所体现，使人们能够设计并制造实体模型，而且可以通过3D打印机将数字模型转化为实物，如图1-2所示。

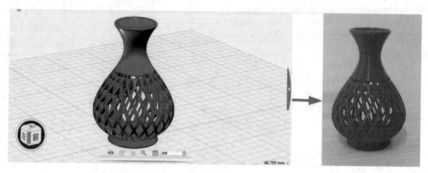

图 1-2

1.2 创新方法论

在3D创意设计过程中，其核心在于"创新意识"。要打造一部优秀的3D创意设计作品，首要条件是具备出色的创新要素，而这些创新要素源于独特且高效的创意设计方法。

例如，在旧石器时代早期，石器制作相对简陋，通常通过对天然砾石的敲击和初步加工，使其形成不规则的形状，且一件石器具有多种用途。然而，进入旧石器时代中期，石器制作技术水平显著提升，加工更为精细。这种从形状简单、粗加工的石器发展到形状复杂、精加工的石器的过程，就是一种创新。图1-3所示为仿石器时代的工具。

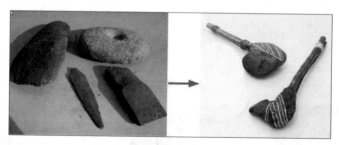

图 1-3

在3D创意设计领域，创作过程中主要有以下4种创新方法。

（1）采用新方法解决传统问题。

通过采用一种新颖的方法或技术来解决生活中普遍存在的传统问题，以取得突破性成果。例如在传统建筑领域，建筑建造依赖大量熟练的专业工人，建筑造价极高。3D打印这种新技术的出现就很好地解决了建筑造价高昂的问题，通过建筑3D打印机可以快速将设计图纸转化为实体建筑，如图1-4所示，大大减少了人力支出，降低了建筑成本。

图1-4

（2）采用传统方法解决新问题。

通过采用一种旧的方法或技术来解决随着社会发展出现的新问题。以鞋柜为例，随着时代的发展，现代人不同种类和功能的鞋子越来越多，如何高效地收纳各式各样的鞋子成为新的问题。夹子是一种传统的整理收纳工具，将之应用在新型鞋柜的设计上，就可以将平面收纳变为立体收纳，这就是采用传统方法解决新问题的优秀3D创意设计作品，如图1-5所示。

图1-5

（3）迁移传统方法解决传统问题。

通过对传统问题的共性进行分析，从不同场景中迁移解决问题的传统方法，从而赋予3D创意设计作品独特的个性、丰富的创新性及强大的实用性。以玻璃水杯为例，在日常生活中，当我们倒入热水后，用手直接拿起水杯会感到烫手。类似的问题在传统暖壶中同样存在并且已经得到解决，通过迁移暖壶所用到的空气层隔热和把手设计，就可以将玻璃水杯设计成兼顾创新和实用的新型隔热玻璃水杯，如图1-6所示。

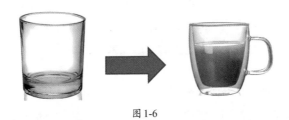

图1-6

（4）采用新方法解决新问题。

通过发明或采用一种新颖的方法或技术来解决社会发展中产生的新问题。随着技术的进步，打印精度和分辨率不断提高，为精密工程和微型制造提供了可能。在医疗领域，生物打印技术是一种利用3D打印技术将生物材料按照设计要求一层层地堆积成特定形状的技术。提高打印精度和分辨率可以确保生物打印的准确性和可靠性，从而制造出更为精确的生物组织和器官。例如，在仿生器官模型打印中，高精度的3D打印技术可以确保器官模型的结构和功能与真实器官的接近，如图1-7所示。

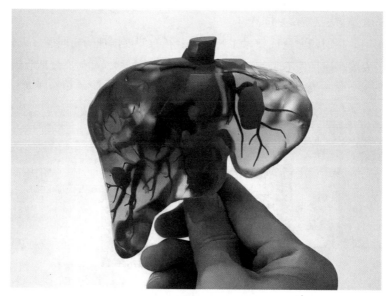

图1-7

　　3D创意设计不只局限于以上4种方法，其创作技巧丰富多样，因此在理解3D创意设计的基础上，还需根据个人设计作品的理念，寻求更为适宜的创新策略。

1.3 ▶ 创新思维培养

　　创新思维是指通过新颖且独特的方式解决问题的思维过程。具备创新思维的人能够突破传统思维的限制，以非常规的视角去审视问题，提出独具特色的解决方案，从而取得富有创意、别出心裁且具有社会价值的思维成果。

　　3D创意设计中创新思维的主要呈现方式是通过发现生活中常见物品存在的问题，查找可能导致问题的原因，并以此为基础进行分析，最后根据分析的原因对物品进行创新，从而解决物品存在的问题，这样所形成的"发现问题—分析原因—物品创新—解决问题"过程就是创新思维过程，如图1-8所示。

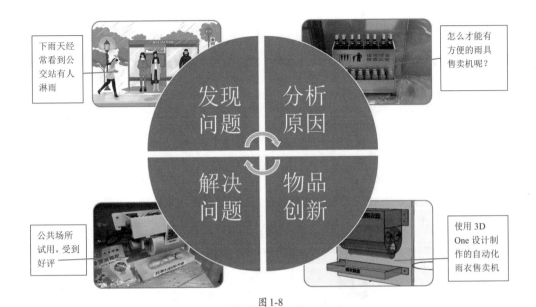

图1-8

在3D创意设计过程中，通过3D作品的创作来培养学生的创新精神，而这种创新精神得益于创新思维的培养。因此，如果要设计出卓越的3D作品，就要加强对创新思维的培养，这就需要做好以下几个方面。

首先，以兴趣为切入点。正所谓兴趣乃最佳导师，所以兴趣是创新思维培养的前提。

其次，多思多想。在3D创意设计中通过多思多想启发创造性的思维方式，勇于尝试新的方法和思路，以寻求更好的解决方案。可以通过常见的头脑风暴法、逆向思维法、组合思维法、联想思维法、发散思维法和归纳思维法等思维方法去培养创新思维，如图1-9所示。

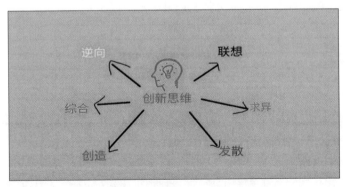

图1-9

这些思维方法各有特点，可以单独使用，也可以结合使用。具体使用哪种思维方法取决于问题的性质、目标和情境。

1.4 ▶ 创新思维训练

创新思维的培养途径和手段多种多样，涵盖教育、培训和实践等多个方面。

为优化创新思维培养，可采用一系列有效策略和方法。例如，运用开放性问题、案例分析、团队合作等方式激发创新思维；通过反思、总结和分享提升思维质量。此外，创新工具和技术亦可辅助创新思维的训练和提升。这里简要介绍头脑风暴法和六顶思考帽法。

一、头脑风暴法

头脑风暴法是一种激发创新思维的集体讨论方法，通过无限制地自由联想和讨论，鼓励参与者提出大量新的观点、想法和解决方案。这种方法可以促使参与者从不同的角度思考问题，从而产生创新性的解决方案，如图1-10所示。

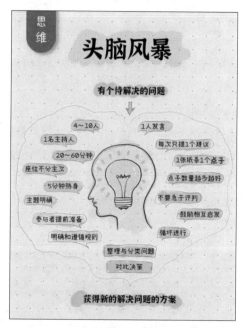

图 1-10

在3D创意设计过程中，团队可以组织头脑风暴活动，激发成员们的创新思维，共同探讨设计难题，从而提高作品的创新性和实用性。

二、六顶思考帽法

六顶思考帽法是另一种思考方法，通过使用不同颜色的帽子代表不同的思考方法，帮助参与者从多个角度审视问题。这种方法可以引导参与者跳出常规思维，从不同角度分析问题，从而产生创新性的解决方案，如图1-11所示。

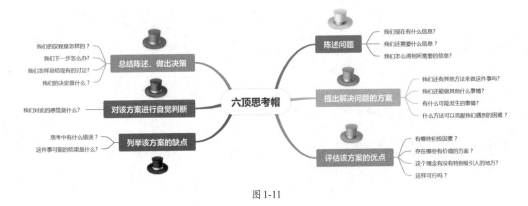

图 1-11

在3D创意设计过程中，设计师可以运用六项思考帽法，让自己从多个角度思考问题，提高设计的创新程度。

除以上方法外，随着OpenAI公司开发的聊天机器人程序ChatGPT于2022年11月30日发布，我们又多了一个贴合当今时代的用于创新技能训练的有力工具，它不但能够基于在机器模型训练阶段所见的模式和统计规律来回答问题，还能根据聊天的上下文进行互动，可以像人类一样聊天交流，甚至能完成撰写论文、邮件、文案、代码等任务。除此之外，还有国内公司自主研发的文心一言、讯飞星火等人工智能程序，与之进行人机对话，都可以快速帮助我们找到问题的解决办法，有效提升创新思维能力，如图1-12所示。

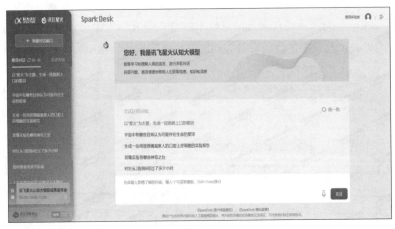

图 1-12

总之，3D创意设计领域的创新思维培养需要从多个方面入手。通过激发学生的兴趣、培养多思多想的习惯、运用创新思维、开展创新技能训练等方法，培养出具备创新精神和创新能力的3D创意设计人才。

第2章
3D创意设计竞赛简介

2.1 ▶ 全国师生信息素养提升实践活动

2.1.1 活动官网

全国师生信息素养提升实践活动是由教育部教育技术与资源发展中心（中央电化教育馆）主办，面向全国师生的一项信息化交流展示活动。

全国师生信息素养提升实践活动学生部分（原全国中小学电脑制作活动）始于2000年，是一项旨在促进中国基础教育信息化建设、展示中小学生信息技术教育实践成果的全国性交流展示活动。活动主题是实践、探索与创新。项目设置是数字创作、计算思维、科创实践三大类。活动在促进信息技术教育，提升学生信息素养，激发创新精神，提高实践能力，以及发展素质教育等方面发挥了重要作用。活动官网如图2-1所示。

图 2-1

2.1.2 3D创意设计项目简介

3D创意设计项目要求参赛者根据主题要求，使用各类3D设计软件进行创作。在众多竞赛中，由教育部教育技术与资源发展中心（原中央电化教育馆）主办的全国师生信息素养提升实践活动中的3D创意设计项目非常具有代表性。这个项目旨在鼓励学生通过信息技术进行创新设计和制作，提升信息素养和实践能力。本书后续案例主要对该项赛事的优秀案例进行介绍，部分优秀作品展示如图2-2所示。

图 2-2

2.2 3D创意设计工具简介

2.2.1 3D设计工具

我们可以在任意浏览器中搜索3D One，找到社区官网，如图2-3所示；进入官网后找到软件标签下的3D One，如图2-4所示；进入新的页面后单击"立即下载"，如图2-5所示；再根据计算机配置下载相应的版本，如图2-6所示，最后安装软件。

图 2-3

图 2-4

图 2-5　　　　　　　　　　　　　　　　　　　图 2-6

界面组成

双击计算机桌面上的3D One图标，打开3D One软件后的界面如图2-7所示。

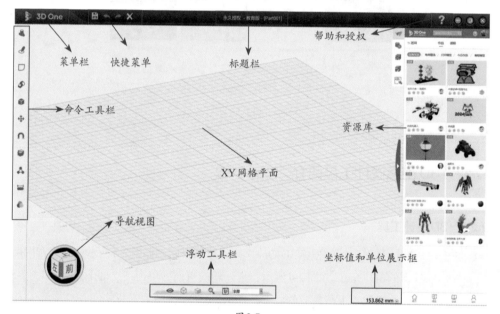

图 2-7

命令功能

3D One软件中各部分的功能命令如图2-8 ~ 图2-13所示。

图 2-8

图 2-9　　　　　图 2-10

图 2-11

图 2-12

图 2-13

拓展阅读

课程中心

　　我们从青少年三维创意设计社区中获取了 3D One 软件，现在我们在社区中找到课程进行学习。观看 3D One 教育版入门视频，如图 2-14 所示，能够对 3D One 软件的每个命令进行详细了解，参照视频基本能掌握所有操作指令，非常适用于初中级用户，下面就抓紧去看看吧。

图 2-14

2.2.2 3D 动画录制工具

3D One Plus 是一款能实现360° 任意空间建模的高级定制软件，优秀的曲面造型和修补功能，让其3D设计功能更加强大。其中内嵌智能装配与动画效果制作功能，可以让小创客们有更直观的3D体验，如图2-15所示。

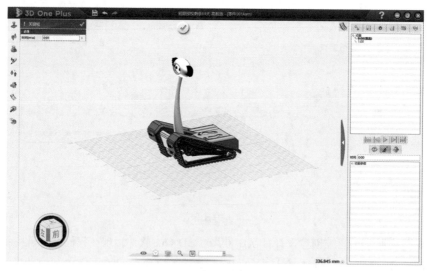

图 2-15

制作步骤

1．打开模型，如图2-16所示。

2．输出装配，如图2-17所示。

图2-16

图2-17

3．新建动画，如图2-18所示。

4．添加关键帧，如图2-19所示。

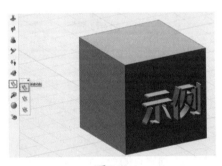

图2-18

图2-19

5．设置照相机，如图2-20和图2-21所示。

图2-20

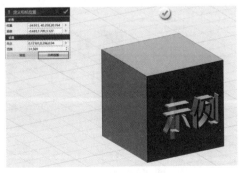

图2-21

6. 重复第4步、第5步操作。

7. 播放动画，如图2-22所示。

8. 输出动画，如图2-23所示。

图 2-22

图 2-23

逐帧动画

逐帧动画作为一种常见的动画形式，其基本原理是利用人的视觉残留特性，将动画内容分解并在连续的关键帧中呈现。也就是说，逐帧动画是在时间轴的每一帧上绘制动画内容的连续变动，从而实现动画的连续播放。此外，逐帧动画类似于电影的播放模式尤为适合展现细腻的画面效果。例如，人物或动物的急剧转身，人物头发和衣物的飘动，人物的行走、对话，以及精致的3D效果等，如图2-24所示。

图 2-24

打开3D One Plus制作自己的模型动画吧。

2.2.3 视频录制工具

EV录屏是一款非常好用的桌面录屏软件，这款软件可以帮助用户轻松地录制计算机屏幕，并且功能齐全、免费无水印，其主界面如图2-25所示。

图 2-25

制作步骤

1. 启动EV录屏软件，进入主界面。

2. 按图2-26所示设置录制选项。

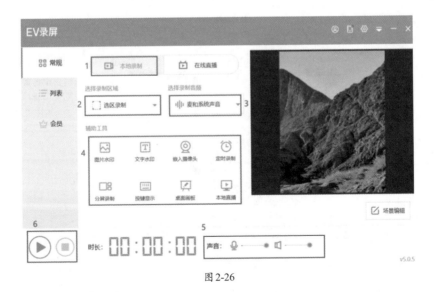

图 2-26

3．录制完毕后单击结束按钮。可以选择将录制的文件导出，利用EV剪辑、剪映等工具对其进行剪辑和后期处理。

拓展训练

用EV录屏录制一段自己建模的过程吧。

交流讨论

在录制过程中遇到了哪些问题？和小伙伴们交流讨论一下吧。

2.3 ▶ 3D创意设计作品创作

2.3.1 基本实体建模

鼠标是实现基本操作和快速操作的重要工具，用3D One进行3D建模设计时也不例外，只有熟练地使用鼠标才能构建出自己想要的模型，图2-27显示了鼠标各部分在3D One中的功能。

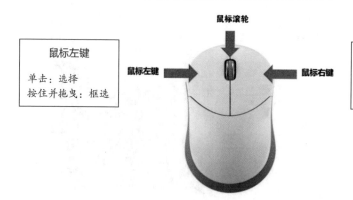

图2-27

在3D设计中，利用基本实体进行建模设计十分常见，这也是最基础的建模方式之一。对于零基础的初学者，不仅能够轻松掌握利用基本实体进行建模设计的方法，而且能够基于此方法创作出很多常见物体的3D模型，例如小木椅，如图2-28所示。

图 2-28

制作步骤

1. 利用【基本实体】中的【六面体】命令绘制椅子凳面，如图 2-29 所示。
2. 利用【基本实体】中的【六面体】命令绘制椅子腿，如图 2-30 所示。

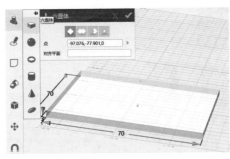

图 2-29

图 2-30

3. 利用【基本实体】中的【六面体】命令绘制椅子靠背，如图 2-31 所示。
4. 利用【基本实体】中的【六面体】命令绘制两个长方体，如图 2-32 所示。

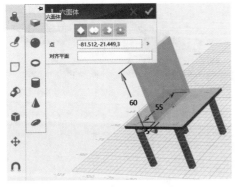

图 2-31

图 2-32

5. 利用【组合编辑】◈中的【减运算】◈命令形成椅子靠背镂空部分，如图2-33所示，最终结果如图2-34所示。

图 2-33

图 2-34

拓展训练

如何让小木椅变幻出更多的形式呢？参考效果如图2-35和图2-36所示。

图 2-35

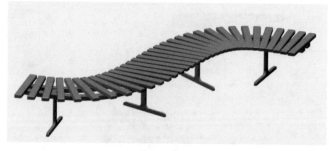

图 2-36

拓展学习单见表2-1。

表2-1

内容	扫码学习
3D One基本实体——六面体	
3D One基本实体——球体	
3D One基本实体——圆环	
3D One基本实体——圆柱体	
3D One基本实体——圆锥体	
3D One基本编辑——阵列	

2.3.2 二维转三维建模

为了帮助读者学习和掌握二维转三维的建模方法，我们将通过常见的3个案例进行建模实践，下面就一起跟着做一做吧。

案例1 茶杯（渲染效果见图2-37）

扫码看视频

图2-37

制作步骤

1. 利用【草图绘制】 中的【直线】 命令绘制两条直线段，如图2-38所示；再利用【通过点绘制曲线】 命令绘制曲线，如图2-39所示；最后利用【直线】 命令绘制直线段，单击工作区上的【完成】 按钮完成草图绘制，效果如图2-40所示。

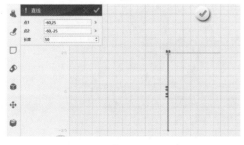

图2-38

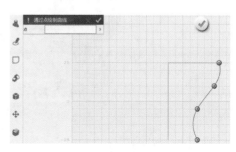

图2-39

2. 利用【特征造型】◐中的【旋转】◐命令生成实体图形，旋转轴向选择垂直方向，如图2-41所示。

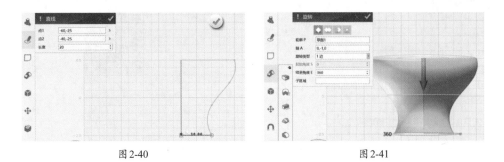

图2-40   图2-41

3. 利用【特殊功能】◐中的【抽壳】◐命令进行抽壳，抽壳厚度为−2mm，如图2-42所示。最终效果如图2-43所示。

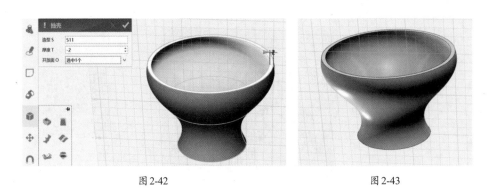

图2-42   图2-43

拓展训练

设计更有创意的茶杯吧，参考效果如图2-44和图2-45所示。

图2-44   图2-45

拓展学习单见表2-2。

表2-2

内容	扫码学习
3D One特征造型——拉伸	
3D One特征造型——旋转	
3D One特征造型——扫掠	
3D One特征造型——放样	

案例 **2** ► "牛"字挂件（渲染效果见图2-46）

扫码看视频

图2-46

制作步骤

1. 利用【草图绘制】✎中的【圆形】⊙命令绘制同心圆环草图，如图2-47所示，单击工作区上的【完成】✅按钮完成草图绘制。

2. 利用【特征造型】📦中的【拉伸】📦命令向上拉伸10mm，制作实体圆环，如图2-48所示。

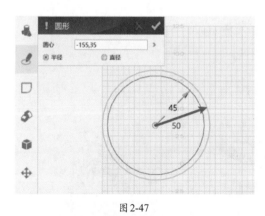

图2-47

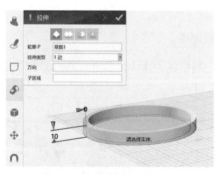

图2-48

3. 利用【草图绘制】✎中的【预制文字】🅰命令输入文字，如图2-49所示，单击工作区上的【完成】✅按钮完成草图绘制。

4. 利用【特征造型】 中的【拉伸】 命令向上拉伸10mm，制作实体图形，如图2-50所示。

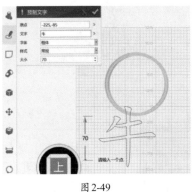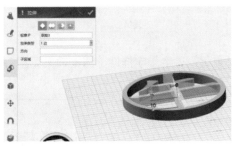

图2-49   图2-50

5. 利用【基本实体】 中的【圆环体】 命令制作圆环，如图2-51所示。

图2-51

6. 将圆环体移动到主体上，完成作品设计并渲染。

拓展训练

制作各类挂件，参考效果如图2-52和图2-53所示。

图2-52   图2-53

拓展学习单见表2-3。

表2-3

内容	扫码学习
3D One草图绘制——矩形、圆、椭圆、多边形、直线	
3D One草图绘制——圆弧、多段线、点绘线	
3D One草图绘制——预制文字	
3D One基本编辑——移动	
3D One基本编辑——缩放	

案例 **3** ▶ 创意水杯（渲染效果见图2-54）

图2-54

扫码看视频

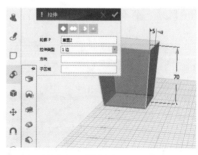

制作步骤

1. 利用【草图绘制】 🖊 中的【矩形】□ 命令绘制草图，如图2-55所示。

2. 利用【特征造型】 🐾 中的【拉伸】🧊命令向上拉伸70mm，开口倾斜度为5°，如图2-56所示。

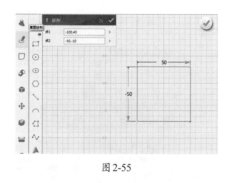

图2-55

图2-56

3. 利用【特征造型】 🐾 中的【圆角】🔲命令对侧边4条棱进行圆角处理，如图2-57所示。

4. 使用【特殊功能】■中的【抽壳】◆命令，开放面O选择杯口，设置抽壳厚度为−3.5mm，如图2-58所示。

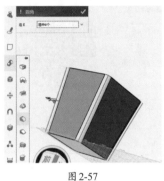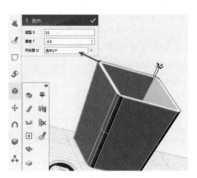

图2-57   图2-58

5. 利用【特殊功能】■中的【扭曲】✐命令将实体图形扭曲，基准面选择杯口，如图2-59所示。

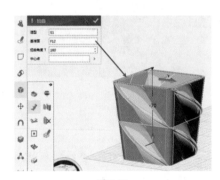

图2-59

6. 利用【草图绘制】✐中的【通过点绘制曲线】∿命令绘制曲线草图，如图2-60所示，再利用【椭圆形】⊙命令在曲线上任意点处绘制椭圆，如图2-61所示。

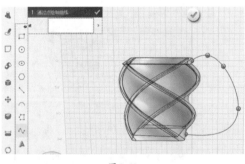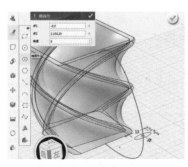

图2-60   图2-61

7. 利用【特征造型】🖫 中的【扫掠】📦 命令，路径P2选择草图曲线，轮廓P1选择椭圆，完成杯把的制作，如图2-62所示。

8. 利用【组合编辑】🗍 中的【加运算】↔ 命令组合实体图形，如图2-63所示。

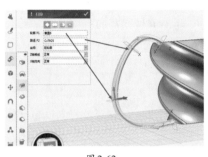
图2-62

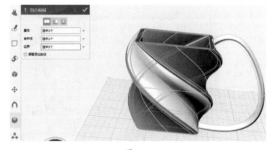
图2-63

拓展训练

制作不同形状的水杯，参考效果如图2-64和图2-65所示。

图2-64

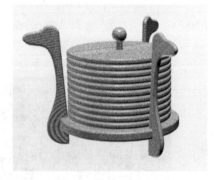
图2-65

拓展学习单见表2-4。

表2-4

内容	扫码学习
3D One特殊功能——抽壳	
3D One特殊功能——扭曲	
3D One特殊功能——圆环折弯	
3D One特殊功能——圆柱折弯	
3D One特殊功能——实体分割	

2.4 ▶ 3D创意设计成果分享

2.4.1 展示的准备

成果分享和展示交流是创客活动中非常重要的一环，也是竞赛的一项要求，那么我们就需要为作品的有效展示做准备。根据竞赛要求，我们可以从以下几点做相应准备工作。

一、说明文档

说明文档一般以论文形式体现，主要内容是与作品设计相关的记录性材料，包括创意来源、设计过程、功能说明、过程记录性文字及过程照片。不同于推荐作品登记表及作品创作说明，参赛者应重点表述自己通过这一项目获得的成长与收获，突出自己的创作过程，并体现设计、制作过程的真实性。

二、演示视频

演示视频用于讲述作品设计灵感来源和设计过程，以及结构的动态运行或变化过程。

对于演示视频，建议格式为MP4，视频编码为AVC（H264）；推荐使用的制作工具有3D One Plus、会声会影、Camtasia等动画制作或后处理软件，Camtasia主界面如图2-66所示。

图 2-66

三、源文件

设计作品的源文件包含3D软件建模的原始结果，如图2-67所示，赛事评委可根据源文件检测建模过程，评定其原创性。

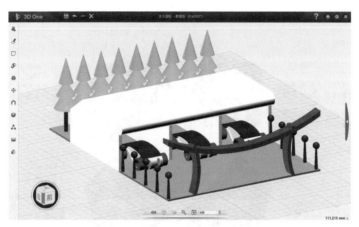

图 2-67

四、作品图片

通过多张图片，能够充分展示出所设计作品的比例、颜色、外观结构、内部细节实际产品效果等。

推荐用3D One Plus、3D One、KeyShot等软件进行渲染，用KeyShot渲染的作品示例如图2-68所示。

图 2-68

五、其他文件

其他文件包含可以充分展示作品的资料素材。

2.4.2 评价标准

根据竞赛指南对作品最新的创作导向，我们可以得出3D创意设计项目的评价标准，如图 2-69 所示。

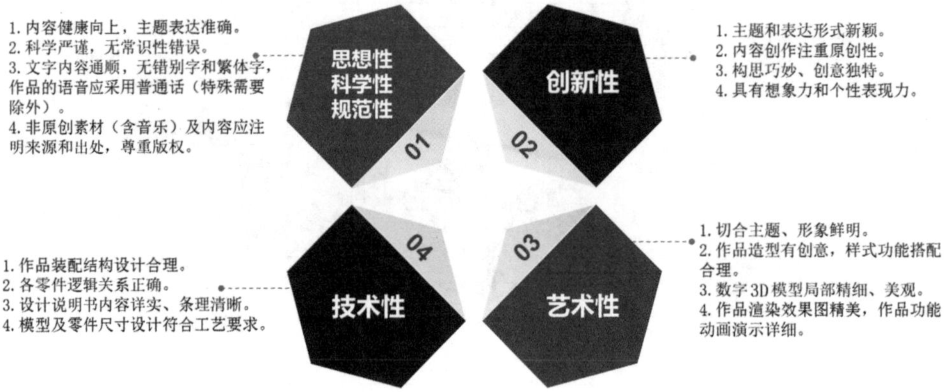

1. 内容健康向上，主题表达准确。
2. 科学严谨，无常识性错误。
3. 文字内容通顺，无错别字和繁体字，作品的语音应采用普通话（特殊需要除外）。
4. 非原创素材（含音乐）及内容应注明来源出处，尊重版权。

思想性
科学性
规范性
01

创新性
02

1. 主题和表达形式新颖。
2. 内容创作注重原创性。
3. 构思巧妙、创意独特。
4. 具有想象力和个性表现力。

1. 作品装配结构设计合理。
2. 各零件逻辑关系正确。
3. 设计说明书内容详实、条理清晰。
4. 模型及零件尺寸设计符合工艺要求。

技术性
04

03
艺术性

1. 切合主题、形象鲜明。
2. 作品造型有创意，样式功能搭配合理。
3. 数字 3D 模型局部精细、美观。
4. 作品渲染效果图精美，作品功能动画演示详细。

图 2-69

第2篇
竞赛获奖案例解析

在深入探讨建模软件的应用之后，读者可能会对自身的建模能力有疑问，抑或在思考什么样的作品才具备参赛资格，以及参赛过程中需要做哪些准备。这些对参赛的种种顾虑，本篇将为读者一一打消。读者将更深入地感受获奖作品的魅力，明白哪些作品更容易脱颖而出，以及其背后的秘诀。

我们精心挑选了各级赛事中的获奖作品，并邀请指导教师亲自撰写介绍；从创意的获取、参赛方案的设计，到最终作品的完成，一步步为读者介绍。通过扫描案例二维码，读者可以观看高清制作视频，学习详细的设计步骤。

在本篇中，读者将学习到如何获取创意，以及如何熟练运用建模软件和精细处理模型细节。怎样使参赛作品紧密贴合主题？答案就在于对模型细节的刻画及渲染，让作品更加精致且逼真。

那还等什么呢？赶紧跟着我们的节奏学习起来吧！

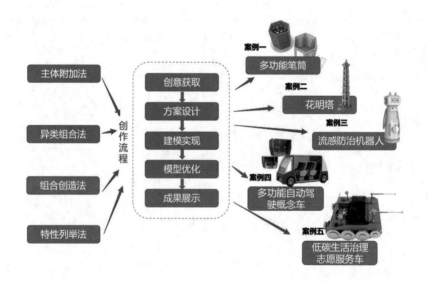

03

第3章
多功能笔筒

案例情况

　　地区：江西省萍乡市

　　组别：小学组

　　奖项：市级一等奖（第二十四届全国师生信息素养提升实践活动）

　　选手：廖志喆

　　指导教师：张威亮

　　科学性：★★★

　　创新性：★★

　　艺术性：★★★

　　技术性：★★

　　上手难度：★★

作品简介

　　本作品对书桌上的传统笔筒进行创新再设计，集成了可更改内容的课程表和临时记事本功能，采用激光切割的方式进行制作。笔筒采用多种材料，使用传统的榫卯拼插结构设计，可组装可拆卸；还有可以互动的纸片记事本，让学生真正体验动手造物的快乐。作品渲染效果如图 3-1 所示，项目总览如图 3-2 所示。

图 3-1

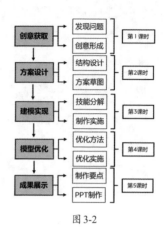

图 3-2

3.1 创意获取

设计作品时,首先要思考选题方向。近几年教育部教育技术与资源发展中心举办了数次全国师生信息素养提升实践活动,其活动指南中关于3D创意设计项目的要求节选如下。

"使用各类计算机三维设计软件创作设计作品,思考、发现在日常生活中有待改善的地方,提出创新解决方案。"

从其中获取的关键词:日常生活、改善、创新解决。

选题可以从生活、学习中的用品或工具入手。本案例中,小创客选择笔筒进行改进设计。

3.1.1 发现问题

(1)观察生活。

仔细观察生活中的各种现象,思考存在哪些可以改进的地方。例如,我们生活中常用的牙刷,是否可以更方便使用、更卫生环保等,如图3-3所示。

(2)了解需求。

了解人们的需求和痛点,思考解决方案。例如,了解人们在使用螺丝刀时遇到的困难,就可以思考如何对这个工具进行改进,如图3-4所示。

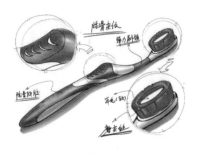

图3-3

图3-4

（3）创新思考。

跳出常规思维，从另外的角度思考问题。例如，使用不同的材料、结构或技术来实现同样的功能。

（4）实验验证。

通过实验验证自己的想法是否具有可行性。例如，设计一个样机模型，测试其性能是否达到预期。

（5）收集反馈。

向相关人员收集设计产品的反馈意见，了解他们对产品的意见和建议。例如，向用户询问他们对新产品的看法，以便进一步改进。

总之，发现问题需要我们多观察、多了解、多思考、多动手和多交流，这样有助于找到真正有价值的发明创造。

问题探究

小创客们观察书桌上的传统笔筒，从功能、结构和外观3个方面去思考它存在的问题和可改进之处，如图3-5所示。

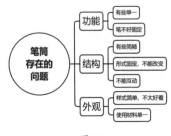

图3-5

3.1.2 创意形成

创意方法

创意方法中，最常见的是组合法。组合法是一种应用广泛，尤其适合初学者的方法。

组合法是指将两个以上的事物组合起来再加以完善或革新，使其在性能和服务功能等方面发生变化，以产生新的价值，从而实现创新的一种创意方法。组合法有多种类型，例如，同类组合法、异类组合法、主体附加法、重组组合法、信息组合法等。

本案例主要采用主体附加法。主体附加法是在保持原有事物主体地位不变的前提下，再添加另一附属物，以克服主体存在的不足和缺陷，或者使其更具有生命力的一种创意方法。

归纳整合

普通笔筒最基本的功能是整理、存放和保护笔。想象一下，如果做一个多功能笔筒，还可以增加哪些有意思的实用功能？

本案例使用主体附加法：主体是笔筒，然后添加一些其他的附加体及对应功能。大家可以一起帮小创客思考一下，在思维导图中进行补充，如图3-6所示。

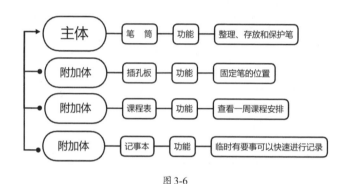

图 3-6

3.2 ▶ 方案设计

小创客要想将自己的创意变为实物，还要对笔筒的功能、结构等进行具体的分析，通过小组讨论，逐步迭代和优化，最后小创客在功能、结构和外观方面形成了比较理想的设计方案。

3.2.1 结构设计

功能分析

根据上述对附加体的设想，对应各种附加功能，功能详情如下。

• 插笔功能：大多数笔的直径是10mm，但不完全一样，所以可以设置不同尺寸的插孔，以固定笔的摆放。

• 课程表查看功能：一周5天的课程表放置在笔筒侧面。

• 临时记事本功能：笔筒其他的侧面可以设计成空心框架，方便插取写有临时内容的纸片。

3.2.2 方案草图

根据功能、结构和外观3个方面的要求，先绘制出初步方案草图，经小组讨论，不断对方案进行调整，绘制改进后的方案草图，最后得到4种方案，如图3-7 ~ 图3-10所示。

图3-7

图3-8

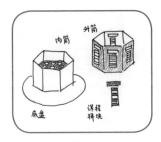

图3-9

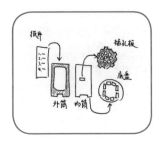

图3-10

方案优化

- 方案一：圆柱形状的笔筒，侧面是曲面，不好放置课程表，如图3-7所示。
- 方案二：改进为多棱柱体，一周5天的课程，放在5个侧面，加上记事本的一个侧面，笔筒筒身最后设计成六棱柱体，如图3-8所示。
- 方案三：学校课程表经常更改，将课程表调整为活动的拼块形式，可以按需进行调整；笔筒进行分体设计，设计成独立的内筒和外筒，外筒可以取出，方便课程拼块的安装和拆卸。如果3D打印机支持多色打印，课程拼块可以选择不同颜色的材料，以进行区别，如图3-9所示。
- 方案四：内筒和外筒之间留有空隙，方便放入纸片，在空框的侧面做临时记事本。如果有激光切割机器支持，笔筒可以是分体组装设计，用中国传统的榫卯结构拼插组合，方便装拆，拥有更强的可扩展性。至此，多功能笔筒的设计方案最终确定，如图3-10所示。

结合学校硬件条件，从功能、结构、外观3个方面对多功能笔筒的方案进行可行性分析，如表3-1所示。

表3-1

类别	说明	需要条件	可行性思考
功能1	课程表		可行
功能2	记事本		可行
结构1	分体设计 外筒可以取出	3D打印机	可行
外观	外筒、拼块颜色不一样	多色材料、3D打印机	可行
结构2	拼插结构	激光切割机器	可行

交流讨论

你是否还有更好的方案呢？谈谈你对现有方案的想法。没有灵感的时候，尝试询问一下星火大模型吧，或许会激发出你新的灵感呢！

接下来，小创客开始创建多功能笔筒模型，制作可以3D打印和激光切割的模型。

扫码看视频

3.3 ▶ 建模实现

利用3D建模软件创建模型前，可以先规划好模型的分解绘制步骤。笔筒可以分解为插孔板、内筒、外筒和课程拼块几部分。将复杂模型合理分解后，制作时可以按照一定顺序，先搭建整体框架再处理局部细节。笔筒的制作采用由内到外的顺序，先制作内部插孔板，再向外制作内筒和外筒，最后制作外筒上的课程拼块，各部分都制作好后组合成完整的模型。

3.3.1 技能分解

通过草图绘制的效果，讨论模型的设计方法，以及如何在3D设计软件中实现，将讨论结果填写在建模方法表中，如表3-2所示。

表3-2

序号	内容	主要技能
1	制作插孔板	草图绘制、圆形阵列、拉伸
2	制作内筒和外筒	草图绘制、拉伸
3	制作课程拼块	草图绘制、阵列
4	调整整体装配	移动
5	生成拼插结构	切口、预制槽、投影

3.3.2 制作实施

一切准备就绪，我们开始制作模型吧！

一、制作插孔板

1. 打开3D One，如图3-11所示。

2. 制作插孔。首先确定插孔板大小，绘制插孔板轮廓。将视图切换到上视图，使用【草图绘制】🖋️中的【正多边形】⬡命令，以原点为中心，绘制半径为40mm的六边形，如图3-12所示。

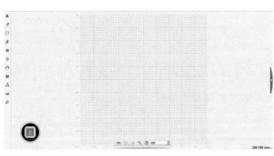

图3-11

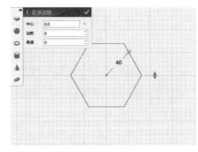

图3-12

提示：绘制图形，建议以特殊点（如原点）为中心。

---

3. 制作系列插孔。使用【圆形】⊙命令，以原点为圆心绘制一个半径为6mm的圆形，再绘制一个半径为16.5mm的同心圆作辅助用。以辅助圆与中心横轴相交的点为圆心绘制半径为5.8mm的圆形。选择半径为5.8mm的圆形，执行【圆形阵列】命令，圆心选择原点，阵列数量为6，如图3-13和图3-14所示。

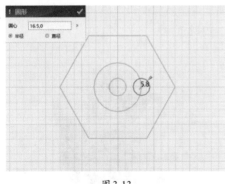

图3-13

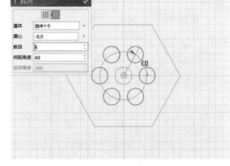

图3-14

4. 继续绘制不同大小的圆形，使用【圆形阵列】命令进行阵列。绘制完成后，如图3-15所示，删除多余的辅助圆，单击屏幕上方的✅按钮，结束绘制。选中绘制好的图形，选择【拉伸】命令，将图形拉伸，拉伸厚度为3mm，如图3-16所示。

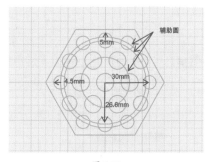

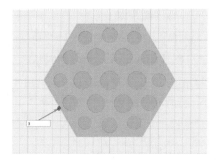

图 3-15   图 3-16

5. 选中拉伸后的插孔板模型，选择下方浮动工具栏【显示/隐藏】🔲中的【隐藏几何体】🔲命令，如图 3-17 所示，将插孔板模型隐藏，方便下一步绘制。

图 3-17

提示：制作模型时，经常需要进行显示和隐藏的切换，显示对象可以方便查看整体效果，隐藏对象可以去除干扰，减少误操作。

二、制作内筒和外筒

1. 在平面网格中心处，继续以原点为中心，使用【草图绘制】🖌中的【正多边形】⬡命令绘制正六边形，如图 3-18 所示。选中绘制好的草图图形，选择【拉伸】🔲命令，将图形拉伸，拉伸高度为 80mm，如图 3-19 所示。

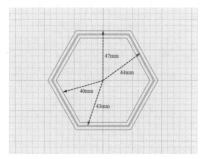

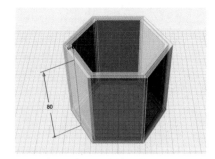

图 3-18   图 3-19

2. 单击内筒，选中内筒上表面，选择【DE面偏移】🔲命令，设置偏移为 10mm，如图 3-20 和图 3-21 所示。使用【显示/隐藏】🔲中的【显示全部】🔲命令，可以看到整体效果。

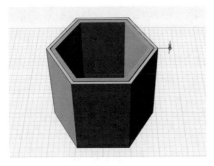
图 3-20

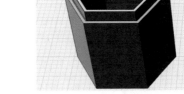
图 3-21

实践小技巧：【DE面偏移】命令可以很方便地修改实体的尺寸。

三、制作课程拼块

1. 隐藏内筒将视图切换到前视图，使用【草图绘制】🖊中的【直线】✏命令，在外筒侧面前方的矩形中心位置创建一个平面网格，沿中心绘制一条竖直线，如图3-22所示。

2. 以竖直线为中心，使用【直线】✏命令绘制矩形的星期模块和多边形的课程模块，如图3-23所示。

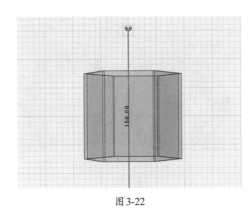
图 3-22

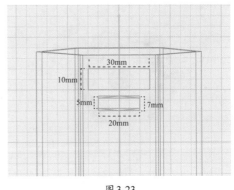
图 3-23

3. 使用【草图编辑】▢中的【单击修剪】⊮命令，将绘制形状中的多余线段修剪掉，再用【链状圆角】▢命令对图形进行圆角处理，矩形圆角半径为3mm，多边形圆角半径为2mm，效果如图3-24所示。

4. 选择下方的课程模块形状，使用【线性阵列】▦命令，方向为(0,–1)，将圆角多边形向下阵列，阵列数量为8，如图3-25所示，确定后结束绘制。

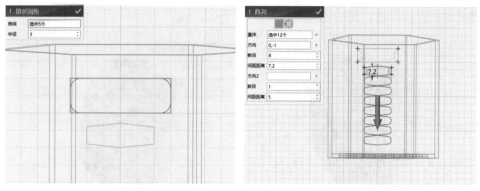

图 3-24   图 3-25

5. 选择【拉伸】🔲命令，将绘制的课程拼块图形进行拉伸，厚度为7mm。将视图切换到上视图，在外筒中心的平面网格上绘制一个小圆柱体。全选课程拼块的立体模型，选择【阵列】🔲中的【圆形阵列】🔲命令，中心选择小圆柱体表面的圆心，阵列数量为6，效果如图3-26所示。

6. 删除小圆柱体，在笔筒右上角绘制一个小立方体。一个星期只有5天上课，只需要5组课程拼块，框选其中一组课程拼块，将其删除。全选外筒所有基体，使用【线性阵列】🔲命令，在小立方体的棱上单击选择阵列方向，直到出现向右箭头，将距离设置为100mm、阵列数量设置为2，如图3-27所示。

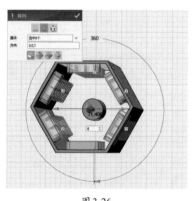
图 3-26

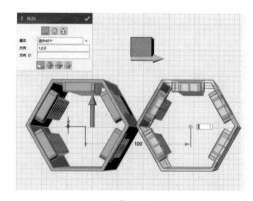
图 3-27

想一想：操作中的小圆柱体和小立方体有什么作用？

7. 执行【组合编辑】🔲命令，在弹出的对话框中选中左边的外筒作为基体，框选周围课程拼块作为合并体，执行【减运算】🔲命令，生成镂空的外筒模型；类似地操作，对右边的外筒基体执行【交运算】🔲命令，生成课程拼块，如图3-28和图3-29所示。

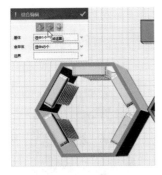
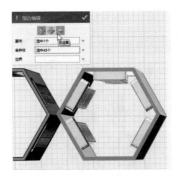

图 3-28   图 3-29

8. 对右边的课程拼块上色，以便和左边的外筒形成差异；使用【移动】🔧对话框中的【动态移动】➕命令，将右边的课程拼块向左水平移动100mm，使其和外筒重合，如图3-30和图3-31所示。

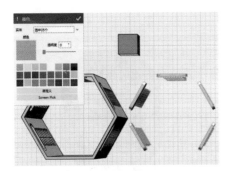
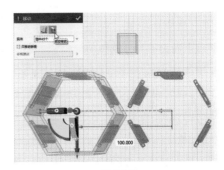

图 3-30   图 3-31

9. 制作空框记事本。将视图切换到前视图，使用【草图绘制】✏中的【矩形】▢命令，在外筒的前面中心位置创建一个平面网格，沿中心绘制宽30mm、高60mm的矩形；选择矩形的4条边，使用【链状圆角】▢命令进行圆角处理，圆角半径为3mm，结束绘制，如图3-32和图3-33所示。

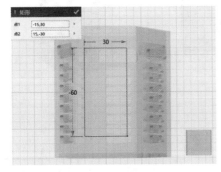
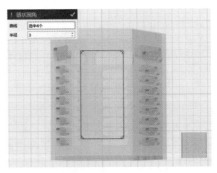

图 3-32   图 3-33

10. 选中绘制好的圆角矩形，执行【拉伸】📦命令，厚度为 -6mm，在【拉伸】对话框中使用【减运算】🔧命令，如图3-34所示，效果如图3-35所示。

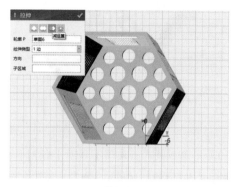

图3-34

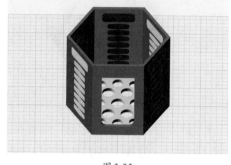

图3-35

四、调整整体装配

1. 选中插孔板，使用【移动】📑对话框中的【动态移动】➕命令，将插孔板模型向上移动50mm，如图3-36所示。

2. 制作底盘。将视图切换到下视图，选择平面网格中心，使用【圆形】⊙命令，以原点为圆心绘制一个半径为55mm的圆形，使用【拉伸】📦命令，向下拉伸 -3mm，如图3-37和图3-38所示。多功能笔筒模型就制作完成，如图3-39所示，保存好笔筒的3D模型文件。

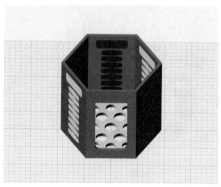

图3-36

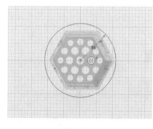

图3-37

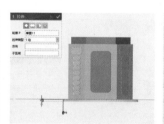

图3-38

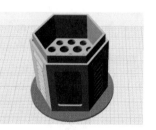

图3-39

想一想：根据以上步骤，你能够制作出模型吗？如果不能，问题在哪儿？

多功能笔筒的3D模型绘制好了，小创客想利用激光切割设备进行制作，接下来还要对制作好的3D模型做些结构方面的处理。

五、生成拼插结构

1. 在3D One Cut中打开制作的多功能笔筒模型，如图3-40所示。

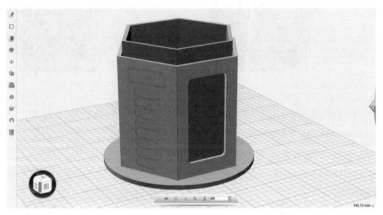

图3-40

2. 使用【特征造型】📎中的【切口】⬛命令，对外筒和内筒分块。选择内筒、外筒的棱依次进行切口处理，如图3-41和图3-42所示。

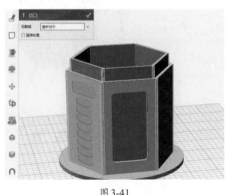

图3-41

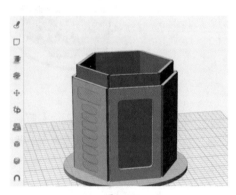

图3-42

3. 选择外筒及底座，使用【隐藏几何体】命令将其隐藏。使用【平板拼插】中的【预制槽】命令，使插孔板和笔筒内筒形成凸凹槽，如图3-43所示，重复操作6次，效果如图3-44所示。

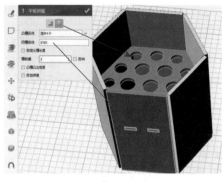

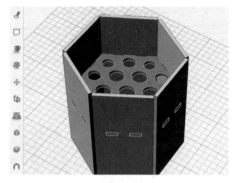

图 3-43   图 3-44

4. 使用【显示/隐藏】 中的【显示全部】 命令，显示笔筒模型。执行【平板拼插】 中的【预制槽】 命令，凸槽实体选择内筒6块直板，如图3-45所示，凹槽实体选择底面圆板，如图3-46所示，完成内筒和底面圆板开槽。

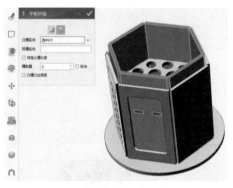

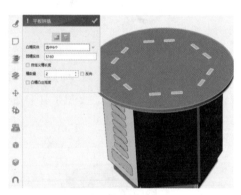

图 3-45   图 3-46

5. 执行【平板拼插】 中的【预制槽】 命令，凸槽实体选择外筒6块直板，如图3-47所示，凹槽实体选择底面圆板，如图3-48所示，完成外筒和底面圆板开槽。

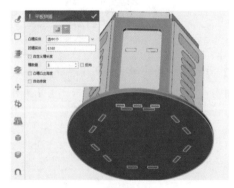

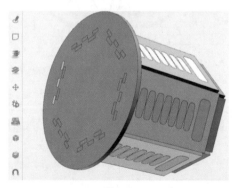

图 3-47   图 3-48

6. 选择笔筒模型，使用【投影】中的【一键投影】命令，生成笔筒各部分投影，如图3-49和图3-50所示。

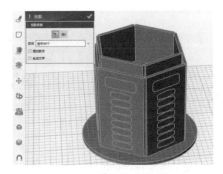

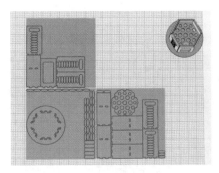

图 3-49　　　　　　　　　　　　　　　　图 3-50

7. 单击软件左上角图标，选择【另存为】，在弹出的对话框中将图纸保存为.dxf格式文件，如图3-51和图3-52所示。

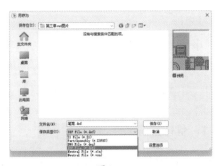

图 3-51　　　　　　　　　　　　　　　　图 3-52

8. 在激光切割软件中打开刚绘制的.dxf文件，如图3-53所示，连接激光切割机就可以进行切割工作。切割结束后的效果如图3-54所示。

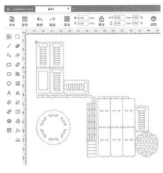

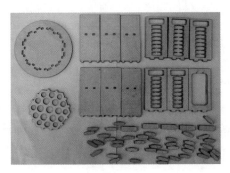

图 3-53　　　　　　　　　　　　　　　　图 3-54

9. 拼接制作。先拼插孔板和内筒，再连接底盘，课程表手写好后镶入外筒，最后安装好外筒，在镂空记事本处插入一张写好内容的小纸片。可拼可插可写可画的多功能笔筒就制作好了，如图3-55所示。

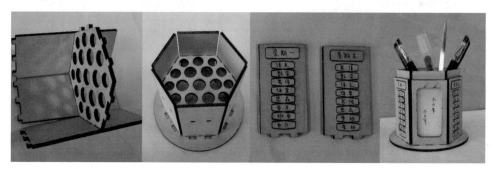

图 3-55

3.4 ▶ 模型优化

小创客制作的模型基本成型了，但是还会有很多不足之处需要调整。在调整过程中，需要从结构、功能和外观3个方面进行优化，具体表现为功能是否达成，结构是否稳固，外观是否美观，以及使用的材料是否合适。

3.4.1 优化方法

观察激光切割后组装的实物模型，经小组交流讨论，从技术性角度出发，考虑结构方面的稳固性；从艺术性角度出发，考虑外观美化。讨论优化的内容及办法，如表3-3所示。

表3-3

优化分类	优化内容	优化办法
技术性	模型拼接松垮	凹槽部分进行半径补偿
艺术性	椴木板的材料有些单一	外筒用透明的亚克力板

3.4.2 优化实施

激光线性切割时，由于机器激光半径不同，导致板材切割后，模型拼接好后松垮。可通过激光半径补偿方法（人工后期调整和软件内部设置）来改进。不同机器的激光半径不同，补偿的程度不一样，这里示范的补偿量是0.45mm。

一、人工后期调整

可以对图形中的凹槽部分进行误差补偿，凸槽不变。将槽孔整体向内缩窄0.45mm。在3D One Cut中打开切割用的.dxf文件，双击图形，进入草图编辑状态，删除多余图形，保留含有凹槽结构的图形，如图3-56所示。

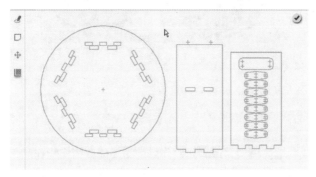

图3-56

选择槽孔线条，向内偏移曲线0.45mm，4条边都操作完后，再用修剪曲线工具，去掉外围线条，只保留中间部分，如图3-57所示。

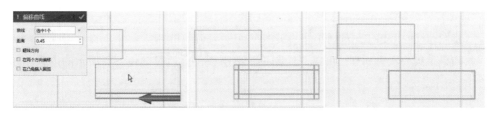

图3-57

二、软件内部设置

在软件中的【全局属性】里面设置好补偿半径，如图3-58所示，然后再进行各种部件的拼插，最终生成的槽孔就会自动进行补偿。

图3-58

优化前后的效果对比，如图3-59所示。

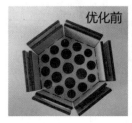

图 3-59

3.5 ▶ 成果展示

针对绘制完成的笔筒模型，或者是制作好的多功能笔筒实物作品，小创客可以用多种方式进行成果展示。比如写一个创作活动报告，记录制作的过程及自己的收获和思考；制作一个PPT，将自己创意产生的来龙去脉及制作过程的艰难曲折展示出来等。下面重点讲述用PPT演示文稿进行成果展示。

3.5.1 制作要点

我们通过一个PPT，对制作好的实物作品进行演示和讲解。

如果是第一次做PPT，可以先绘制一个故事板，合理安排一下要展示的内容，如表3-4所示。

表3-4

序号	演示内容	讲解内容	重要性
1	作者、作品名称介绍	自我介绍开场	☆
2	模型整体展示	创意来源介绍	☆☆☆
3	各功能结构部分	功能及特色介绍	☆☆☆
4	在软件中演示模型	软件和模型演示	☆☆
5	模型拼装	步骤说明	☆☆
6	模型整体	未来展望与总结	☆

拓展阅读

故事板，英文为"Storyboard"，可译为"故事图"，是一种视觉草图，常用于视频创作中，以表达作者的想法和创意。例如电影拍摄时安排电影拍摄程序的故事板。在影片的实际拍摄或绘制之前，通常用故事板以图表、图示的方式说明影像的构成，将连续画面分解成以一次运镜为单位，并且带有运镜方式、时间长度、对白、特效等标注，因此故事板也被称为"可视剧本"，可以让导演、摄影师、布景师和演员在镜头开拍之前，对镜头建立起完整的视觉概念。

3.5.2 PPT制作

首先，收集整理展示所需的图片和视频素材。依据故事板内容的安排，制作一个PPT，如图3-60所示。

图 3-60

然后，准备每张幻灯片的讲解文字，其中模型整体展示和各功能结构的部分最重要，因其涉及作品的创意和特色，所以讲解时要多花一些时间。

提高练习

学习了这个案例，你得到了哪些启发？通过对生活中各种用品的观察和思考，你又发现了它们有哪些不足？你能用学到的知识，设计出改善或者解决问题的好办法吗？

请你根据本章介绍的内容，设计出一款多功能文具。参考本案例设计步骤，利用主体附加法，与小组伙伴讨论，这款文具目前还有哪些不足和有待改进的地方，可以增加哪些有意思的功能。讨论完成后，完成创意收集思维导图，并完成多功能文具的创意设计，参考效果如图3-61所示。

图 3-61

04

案例情况

地区：湖南省长沙市

组别：小学组

奖项：市级一等奖（第六届湖南省长沙市中小学创客节）

选手：邱沐昕

指导教师：彭金飞

科学性：★★★

创新性：★★

艺术性：★★★

技术性：★★★

上手难度：★★★

作品简介

　　本作品以纪念革命先辈的花明楼为设计元素，用3D One设计出立体图形，再用3D打印机打印出实体；利用录音软件录制了7位革命先辈事迹的音频文件并通过7个按键、控制模块和喇叭进行播放。本作品旨在缅怀为新中国的建立立下汗马功劳的革命先辈。渲染效果如图4-1所示，项目总览如图4-2所示。

图 4-1

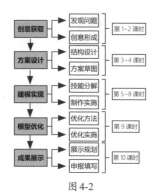

图 4-2

4.1 ▶ 创意获取

创意的获取需要我们平时更多地观察生活、工作、学习中的事物和积累遇到的问题等，通过对事物或问题的特性分析，最终形成一个能够解决某个问题的具有一定创新性的方案。小创客们在研学活动中感受到花明楼的雄伟壮观，便萌生出创作的灵感，于是对花明楼进行了细致的观察、全面的特性分析等，最终将灵感变成作品。

4.1.1 发现问题

问题探究

小创客在去宁乡市花明楼参加研学活动时，被花明楼的雄伟深深震撼。花明楼如图4-3所示。走进楼内，屏风上详细地介绍了革命先辈的生平；登上楼顶，温暖的阳光洒在小创客稚嫩的脸庞上，绿油油的田地、蹦蹦跳跳的小孩、欢声笑语的人们等场景映入小创客的眼帘。这一切的美好不正是许许多多革命先辈抛头颅、洒热血换来的吗？那么能不能以花明楼为主题设计一个创客作品呢？这引发了小创客的思考。

图 4-3

归纳整合

小创客通过观察后，经过小组讨论，对观察和搜集到的信息进行整理归纳，将花明楼的特性一一列举并记录下来，做成表格，如表4-1所示。

表4-1

序号	整理信息
1	花明楼总共5层，下大上小，为混凝土和木质混合结构
2	花明楼前有台阶，上了台阶后有一个约400m²的平地
3	楼内第一层正面有一块长约4m、宽约2.5m的牌匾，介绍了花明楼的历史及革命先辈的生平
4	宁乡市有许多革命先辈
5	整理每位革命先辈的生平事迹

4.1.2 创意形成

创新分析

　　基于搜集到的信息，如果只是简单地将花明楼呈现出来，就显得没有创意，如何将作品与革命先辈的事迹很好地融合在一起呢？小创客通过头脑风暴，列举了许多创意点，通过筛选，最终从以下5个方面进行创意设计，如表4-2所示。

表4-2

序号	创意点
1	增加层数，设计为塔
2	作品要美观，整体要协调
3	结合使用一些电子元件
4	将介绍文字变成音频或者视频
5	要有一定的教育意义

创意方法

　　要利用特性列举的方法进行创造，就要对被研究对象有充分的认识，能够尽可能从整体、部件、材料、功能等方面列举出被研究对象的各种特性。

　　例如，小明同学想制造新型电扇，如图4-4所示。首先他将电扇的各种特性分别列出。

图4-4

整体：电扇。

部件：电机、台座、扇叶、网罩、调速器、定时器。

材料：铝合金、硅钢片、漆包线、钢丝、塑料。

制法：浇铸、机加工、手绕、电阻焊、冲压、电镀、喷漆。

外观：光洁度、色泽、装饰。

风速：快、中、慢。

功能：扇风、调速、定时、摇头。

小明同学在列举电扇的各种特性后，从各种特性出发，逐一对比国内外各种同类产品，并通过提问引出可用于革新的设想。经过检校、评价、挑选某些特性进行改进，最后提出创新设想。

这种方法叫特性列举法，也称属性列举法，是一种通过将创新对象的名词特征、形容词特征和动词特征等一一列举出来，然后对相关特性进行分析、探讨，对某些特性进行改进，或以更好的特性替代，最后提出具体方案的创新方法，如图4-5所示。

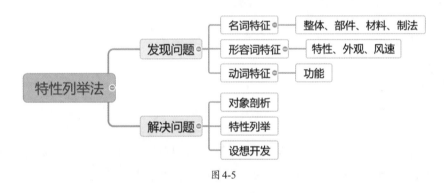

图 4-5

创意描述

结合创新方法，根据现实条件，从创新性、科学性、技术性、艺术性、实用性、综合性等方面思考，对作品的整体设计和创意做进一步分析和总结，最后形成初步方案：增加层数并设计为塔，塔身每一层象征宁乡市的一位革命先辈；加入音频控制模块、喇叭、按键等电子元件，用来播放革命先辈的生平事迹；给作品命题，必须是具有红色文化教育意义的主题。

归纳整合

具体创意功能描述如表4-3所示。

表4-3

创意点	创意功能描述
增加层数	花明楼为5层，本作品设计为7层，象征宁乡市的7位革命先辈
主题鲜明	用红色的隶书字体，放于塔身的前坪，让观众看到作品就能理解主题是弘扬革命精神，让我们缅怀革命先辈，不忘历史
技术先进	在塔身的第一层安装一个喇叭，在塔身前坪安装7个按键，在塔底安装音频控制模块，通过7个按键分别控制7段音频的播放
音频设计	利用手机录制7位革命先辈的事迹，通过音频处理软件对音色进行美化处理，然后给每一段录音加入背景音乐，使得音频元素更丰富，更加吸引听众
作品美化	利用颜料、贴纸等材料对作品进行上色、美化处理，使作品更具吸引力及个性美

4.2 ▶ 方案设计

小创客确定了作品的5个创意点后，进行了集中研讨，根据创意点从功能、设备、技术等方面提出各自具体的设计方案；然后由绘画能力比较强的组员根据方案绘制出草图，并通过不断对比、研讨、优化，最终形成完善的作品方案。

4.2.1 结构设计

功能分析

根据创作意图和创作目的分析作品。

（1）创意功能。

该作品的参照对象为著名的花明楼，该建筑为5层结构，本作品的设计层数为7层，这一设计寓意深刻，象征着宁乡市7位革命先辈的崇高精神和坚韧意志与花明楼相互融合，一起在故乡的土地上深深扎根，被人们牢记于心。

（2）教育功能。

该作品主题突出了红色文化，彰显了革命精神，具有一定的教育功能。

（3）技术先进。

小创客在作品中运用了目前非常流行且符合社会发展的智能技术，将电子元件、电路连接等技术手段运用到作品中，既符合比赛的评审要求，又丰富了作品的元素。

（4）音频设计。

小创客对音频的处理是一项技术性活动，同时也体现了自身的艺术素养，因为这项工作需要将美的音乐、音色、语调和情感融入朗诵中，达到能让听众产生共鸣的效果。

（5）作品美化。

最终作品打印出来后，因为受到打印耗材的限制，色调比较单一，小创客利用颜料、贴纸等材料对作品进行美化，让作品更具有观赏性，给人以美的享受。

基于以上分析，我们了解到该作品的竞赛优势，如图4-6所示，该作品最终获奖。

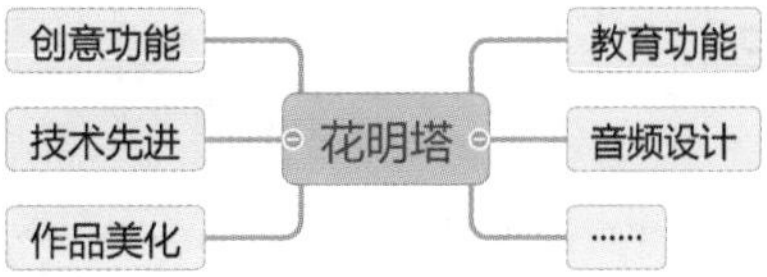

图4-6

归纳整合

基于以上创意功能分析，下一步就可以对创意结构做初步构造。根据前面设想的各种创意功能，进行作品结构的构思设计，如表4-4所示。

表4-4

创意功能描述	功能结构实现
制作7层塔身	从塔身第一层到第七层，通过一定的缩放比例由大到小设计
制作"伟人"主题	在塔身前坪用红色隶书字体设计"伟人"两个字，并用3D打印制作出来，呈60°角安装在底座上，红色象征革命，隶书字体代表中国传统文化圆润、厚重的特点，让主题更加鲜明
安装电子元件	将喇叭安装在塔身第一层，将7个按键安装在塔身前坪沿椭圆弧排列，将音频控制模块安装在底座内，通过杜邦线将各个电子元件与音频控制模块连接
音频设计制作	利用手机或者专业的录音设备录制7段革命先辈的事迹，每段时长在3min左右，然后利用CoolEdit对音频进行音色、音调的美化处理，给每段音频加入背景音乐，导出成.mp3格式文件，最后通过计算机将音频上传到音频控制模块
美化作品外观	利用彩绘颜料或者贴纸对塔身和底座进行上色美化

4.2.2 方案草图

根据作品的创意分析、结构设计等绘制作品草图（进行创意构思和设计时可以使用计算机绘制草图，也可以手工绘制草图），得出方案一和方案二，分别如图4-7和图4-8所示。

图4-7

图4-8

方案优化

经过不断地调查，反复地对比，整理反馈信息后，两个方案的优缺点也清晰地展现出来，如表4-5所示。

表4-5

方案	优点	缺点
方案一	建模简单、打印快速、所需打印耗材较少	不够美观、整体不协调
方案二	整体更为美观、协调，电子元件安放的位置更加合理	建模相对比较复杂、打印需要更长的时间、需要更多的打印耗材

经过反复地思考，不断地优化，确定了最终方案，如图4-9所示。

图4-9

交流讨论

你是否有更好的创意方案？谈谈你对现有方案的想法。没有灵感的时候，尝试询问一下星火大模型吧，或许会激发出你新的灵感呢！

扫码看视频

4.3 ▶ 建模实现

形成完善的创意方案后，就需要在3D One中进行绘制，通过3D建模的方法将平面草图变成3D模型。

4.3.1 技能分解

根据平面草图绘制效果，讨论模型的设计方法，并探讨如何在3D设计软件中实现，将讨论结果填写在表中，如表4-6所示。

表4-6

序号	内容	主要方法
1	绘制底座	草图绘制、拉伸、参考几何体
2	绘制文字	草图绘制、拉伸、移动
3	绘制塔身	草图绘制、拉伸、阵列、移动
4	绘制塔顶	草图绘制、参考几何体、拉伸、放样、基本实体
5	绘制电子元件孔	草图绘制、拉伸、减运算
6	模型实体化	模型分割、另存为实体、切片、打印
7	搭建模块	录制音频、搭建电子元件

4.3.2　制作实施

一切准备就绪，我们开始绘制模型吧！

一、绘制底座

1. 打开3D One，如图4-10所示。

图4-10

2. 切换到上视图，使用【草图绘制】🖊中的【椭圆形】⊙命令，以横轴0刻度线和纵轴0刻度线的相交点（即原点）为中心绘制一个短轴长为190mm、长轴长为−260mm的椭圆，单击确定，如图4-11所示。

3. 使用【草图编辑】▭中的【偏移曲线】⤵命令，【曲线】选择椭圆，【距离】设为"15"，勾选【翻转方向】复选框，向内偏移出一个距离为15mm的同心椭圆，单击完成，如图4-12所示。

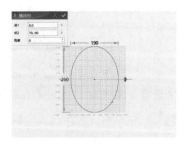

图4-11

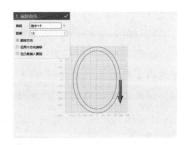

图4-12

4. 调整视图角度，单击对象，使用【拉伸】⬛命令，如图4-13所示，拉伸高度为10mm，单击确定，底座第一层完成，如图4-14所示。

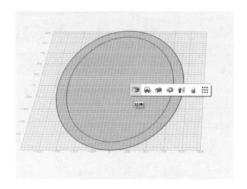
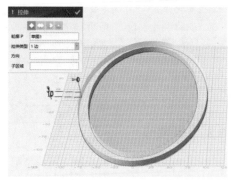

图4-13   图4-14

5. 切换到上视图，使用【草图绘制】🖌中的【参考几何体】📐命令，放大视图，在底座第一层顶面单击，将其作为参考平面，使用【曲线】📐命令，单击顶面内的椭圆曲线，单击确定，不要退出当前视图，如图4-15所示。

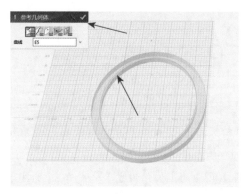

图4-15

实践小技巧：如果难以分辨出要选择的曲线，可以按住鼠标右键并拖曳调整视角，滚动鼠标滚轮放大视图，这有利于选择对象。

6. 使用【草图编辑】▢中的【偏移曲线】🗘命令，将参考曲线向外偏移3mm，绘制一个比参考曲线大的椭圆，如图4-16所示；再次选择参考曲线，使用【偏移曲线】🗘命令向内偏移12mm，绘制一个比参考曲线小的椭圆，如图4-17所示，最后删除参考曲线，单击完成，形成一个新的平面。

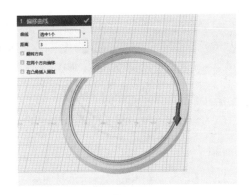
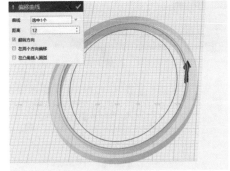

图4-16　　　　　　　　　　　　　　　　　图4-17

7. 单击新的平面，选择【拉伸】命令，将平面向上拉伸10mm，单击确定，底座第二层绘制完成，如图4-18和图4-19所示。

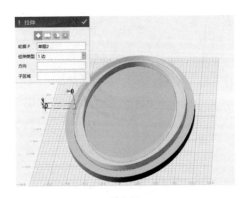
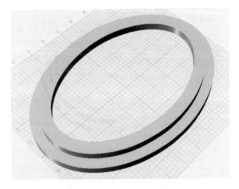

图4-18　　　　　　　　　　　　　　　　　图4-19

8. 切换到上视图，使用【草图绘制】中的【参考几何体】命令，放大视图，在底座第二层顶面单击，将其设为参考平面，选择【曲线】命令，单击第二层顶面内的椭圆曲线，单击确定，不要退出当前视图，如图4-20所示。

9. 使用【草图编辑】中的【偏移曲线】命令，将参考曲线向外偏移3mm，删除参考曲线，单击完成，形成一个新的平面，如图4-21和图4-22所示。

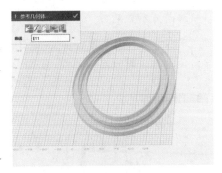

图4-20

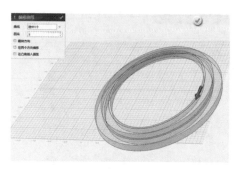
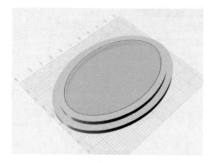

图4-21   图4-22

10. 单击新的平面，使用【拉伸】◼️命令，将平面向上拉伸10mm，得到底座的第三层，如图4-23和图4-24所示，将模型保存为"花明塔"。

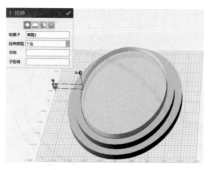
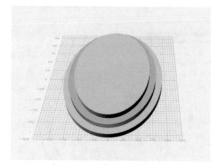

图4-23   图4-24

二、绘制文字

1. 切换到上视图，使用【草图绘制】✏️中的【预制文字】🅰️命令，单击底座上表面，将其设为参考平面，在预制文字对话框的【文字】文本框中输入"伟人"，【字体】选择"隶书"，【大小】为"40"，如图4-25所示，单击确定，使用【拉伸】◼️命令，将文字拉伸8mm，制作立体文字，如图4-26所示。

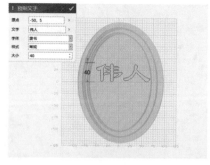
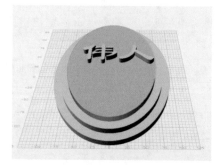

图4-25   图4-26

2. 切换到左视图，框选文字，使用【动态移动】▣命令，将文字向正前方倾斜60°，如图4-27所示，单击确定；再次框选文字，利用【动态移动】▣命令，通过方向键将文字移动到底座第三层靠前的位置，再将文字向下移动约2mm插入底座的第三层里面，方便后期文字在底座上进行固定，如图4-28和图4-29所示。

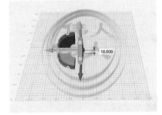

图4-27　　　　　　　　　　　图4-28　　　　　　　　　　　图4-29

三、绘制塔身

1. 绘制塔身的第一层。切换到上视图，使用【草图绘制】✎中的【正多边形】⬡命令，在底座上表面绘制一个边数为6、内切圆半径为60mm的正六边形，如图4-30所示，单击确定，不要退出当前视图，如图4-31所示。

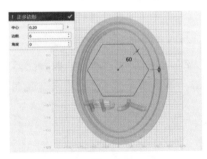
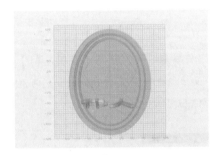

图4-30　　　　　　　　　　　　　　　　　图4-31

2. 使用【草图编辑】▢中的【偏移曲线】↷命令，将正六边形向内偏移5mm，单击完成，如图4-32和图4-33所示。

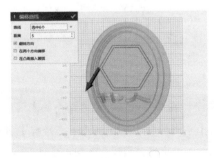
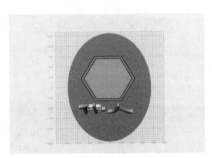

图4-32　　　　　　　　　　　　　　　　　图4-33

3. 调整视图角度，使用【拉伸】⬛命令，将正六边形向上拉伸100mm，生成正六棱柱壳，单击确定，如图4-34所示。

4. 切换到前视图，按住Ctrl键，选择"伟人"两个字，使用【显示/隐藏】⬛中的【隐藏几何体】⬛命令，隐藏文字"伟人"，以方便后面的操作，如图4-35和图4-36所示。

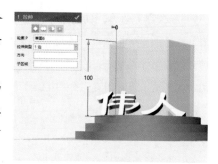

图4-34

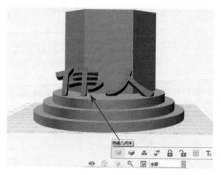

图4-35

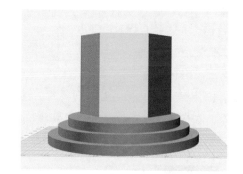

图4-36

5. 绘制门洞。使用【草图绘制】✐中的【矩形】▢命令，在正六棱柱壳正前方的平面上绘制一个高为60mm、宽为30mm的矩形，单击确定，不要退出当前视图，如图4-37和图4-38所示。

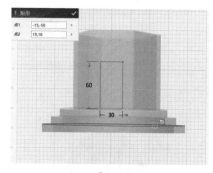

图4-37

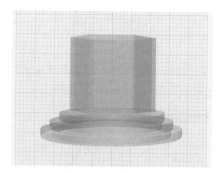

图4-38

6. 使用【草图绘制】✐中的【圆弧】⌒命令，在矩形的顶部左右两个端点间绘制一条半径为16mm的圆弧，如图4-39所示；使用【草图编辑】▢中的【单击修剪】╫命令，将矩形的上边删除，如图4-40所示；单击完成，退出当前视图，如图4-41所示。

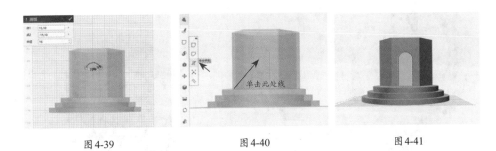

图4-39   图4-40   图4-41

7. 切换到上视图，使用【基本实体】 🦊 中的【圆柱体】 🛢 命令，在正六棱柱壳底面的中心绘制一个半径为5mm、高度为100mm的圆柱体，如图4-42所示；调整视图，单击门，选择【阵列】 命令，选择【圆形阵列】 ，阵列数量为6，将鼠标指针移动到圆柱体的中心位置，如图4-43所示；单击完成，这样在正六棱柱壳的每一个侧面上都绘制了一个门，如图4-44所示。

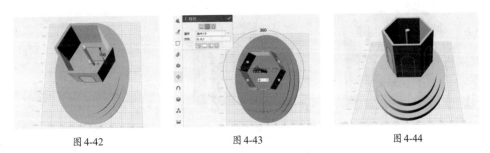

图4-42   图4-43   图4-44

8. 调整视图角度，单击门，使用【拉伸】 🟦 命令，拉伸厚度为 –20mm，选择【减运算】 ，如图4-45所示；单击确定，对应的门洞就做好了，其他5个门洞同理可得，效果如图4-46和图4-47所示。

图4-45   图4-46   图4-47

9. 制作塔檐。调整视图角度，放大视图，单击正六棱柱壳的顶面，使用【拉伸】 🟦 命令，拉伸出高度为10mm的新基体，单击确定，如图4-48和图4-49所示。

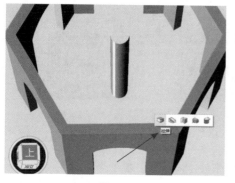

图4-48

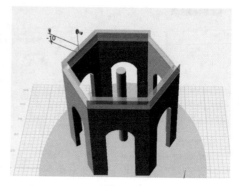

图4-49

10. 调整视图角度，按住Ctrl键，同时选中新基体的6个侧面，使用【DE面偏移】
命令，将侧面往外偏移10mm，如图4-50～图4-52所示。

图4-50

图4-51

图4-52

11. 使用【特征造型】中的【圆角】命令，对塔檐的各条棱边进行圆角处理，
圆角半径为1mm，如图4-53～图4-55所示。

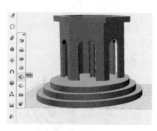

图4-53

图4-54

图4-55

12. 使用【组合编辑】中的【加运算】命令，将塔身的各个部分组合成一个
整体，【基体】选择塔身的任意一个部分，【合并体】选择塔身的其他部分，如图4-56
所示，单击确定。至此，塔身的第一层绘制完成。

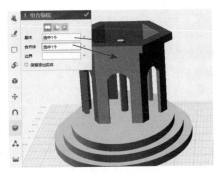

图 4-56

13. 绘制塔身的第二层到第七层。单击塔身第一层，使用【阵列】命令，选择【线性阵列】，阵列数量为7，阵列高度为700mm，方向向上，单击确定，这样就快速地绘制出了塔身的第二层到第七层，如图4-57和图4-58所示。

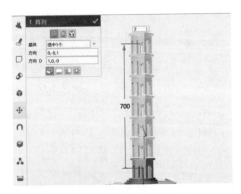

图 4-57

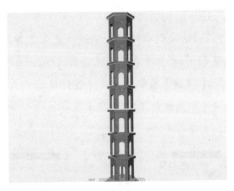

图 4-58

14. 利用【缩放】命令分别对塔身第二层到第七层进行等比例缩小，形成从塔底到塔尖由大到小的效果。分别单击第二层到第七层，使用【缩放】命令，等比例缩放，缩放比例依次为0.95、0.9、0.85、0.8、0.75和0.7，如图4-59～图4-61所示。

图 4-59

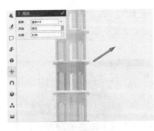

图 4-60

图 4-61

15. 使用【动态移动】命令，将第二层到第七层中的每一层往下移动一定的距离，直到上下两层完全贴合。至此，塔身绘制完成，如图4-62和图4-63所示。

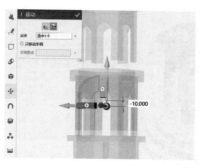

图4-62   图4-63

实践小技巧：在移动塔身各层的过程中，可以滚动鼠标滚轮，局部放大需要贴合的部位，有利于塔身各层的贴合。

四、绘制塔顶

1. 切换到前视图，隐藏底座和塔身的第一层到第六层。切换到上视图，使用【草图绘制】 ✎中的【参考几何体】 📐命令，单击塔身第七层顶面，将其设为参考平面，选择【曲线】 📐命令，选择最外边的正六边形作为参考线，单击确定，如图4-64所示；使用【草图编辑】 □中的【偏移曲线】 ✐命令，将参考线向外偏移10mm，如图4-65所示，删除参考线；单击完成，得到一个新的平面，将其作为塔顶底面，如图4-66所示。

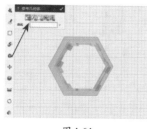
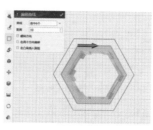
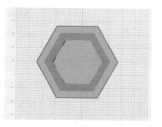

图4-64   图4-65   图4-66

2. 使用【显示/隐藏】 ☐中的【显示几何体】 📦命令，在视图中单击圆柱体，单击确定，将圆柱体显示出来，如图4-67～图4-69所示。

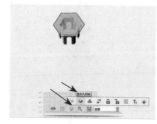
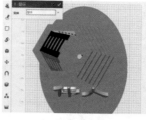
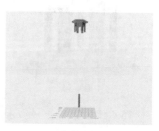

图4-67   图4-68   图4-69

3. 调整视图角度，将圆柱体向上拉伸550mm（注：高度可以根据实际作图情况进行调整，这一步是用来做塔尖，一般超出塔身第七层顶面30mm左右即可），单击确定，如图4-70和图4-71所示。

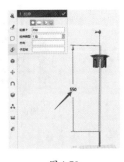

图4-70   图4-71

4. 绘制塔尖。调整视图大小，单击塔顶底面，使用【放样】✑命令，【放样类型】选择"起点和轮廓"，起点选择圆柱体顶面的中心点，轮廓选择塔顶底面的外边，【连续方式】选择"无"，单击确定，如图4-72～图4-74所示。

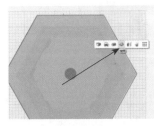

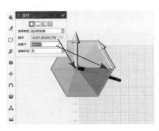

图4-72   图4-73   图4-74

5. 绘制屋脊参考面。选择塔尖的任意一条斜边，使用【拉伸】✑命令进行拉伸，拉伸高度为10mm，如图4-75和图4-76所示。

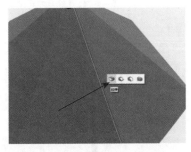

图4-75   图4-76

6. 单击屋脊参考面，使用【拉伸】✑命令，拉伸类型选择"对称"，拉伸厚度为0.75mm，单击确定，如图4-77所示；切换到右视图，使用【草图绘制】✑中的【圆弧】⌒

命令，单击屋脊侧立面，将其设为参考平面，绘制一条曲线，单击完成，如图4-78和图4-79所示。

图4-77   图4-78   图4-79

7. 使用【特殊功能】 🗔 中的【实体分割】 🗔 命令，【基体B】选择屋脊，【分割C】选择曲线，单击确定，实体分割完成。单击屋脊的上部分，将其删除，如图4-80和图4-81所示。

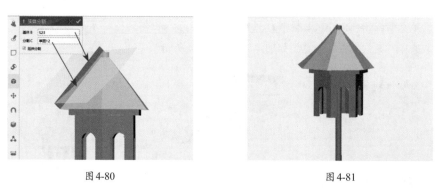

图4-80   图4-81

8. 切换到上视图，单击绘制好的屋脊，使用【阵列】 ▦ 命令，选择【圆形阵列】 ⚙，阵列数量为6，将鼠标指针移动到圆柱体上，当箭头方向朝上时，单击确定，屋脊绘制完成，如图4-82和图4-83所示。

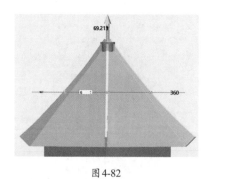
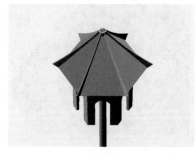

图4-82   图4-83

9. 绘制顶珠。切换到上视图，使用【基本实体】 🔨 中的【球体】 ⬤ 命令，在塔尖顶部的正中心位置分别绘制半径为15mm、10mm和6mm的3个球体，如图4-84和图4-85所示。

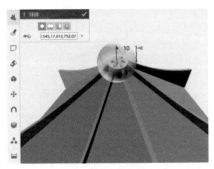

图4-84 图4-85

五、绘制电子元件孔

1. 绘制喇叭的导线孔。将塔身全部隐藏，在底座第三层靠后的位置开孔，使用【草图绘制】 ✏ 中的【圆形】 ⊙ 命令，绘制一个半径为4mm的圆，使用【拉伸】 ⬛ 命令将圆向下拉伸，选择【减运算】 ⬛，单击确定，导线孔就绘制好了，如图4-86～图4-88所示。

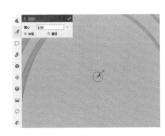
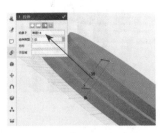

图4-86 图4-87 图4-88

2. 绘制7个按键孔。切换到上视图，使用【草图绘制】 ✏ 中的【圆形】 ⊙ 命令，在底座顶面中轴线上的适当位置绘制一个半径为5.2mm的圆。使用【基本编辑】 ✛ 中的【阵列】 ⠿ 命令，复制出其他6个圆，并把7个圆调整到合适的位置，单击确定，如图4-89和图4-90所示。

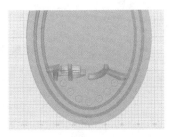

图4-89 图4-90

3. 调整视图角度，单击圆形，使用【拉伸】🗔命令，向下拉伸，选择【减运算】🗔，单击确定，按键孔就绘制完成，如图4-91和图4-92所示。

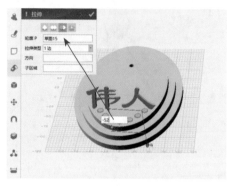

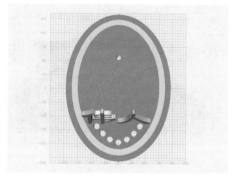

图4-91　　　　　　　　　　　　　　　　图4-92

4. 使用【显示/隐藏】🗔中的【显示全部】🗔命令，将所有实体显示出来，删除塔体中间的圆柱体，如图4-93～图4-95所示。至此，花明塔全部绘制完成，保存文件。

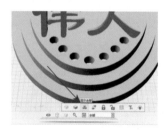

图4-93　　　　　　　　　图4-94　　　　　　　　　图4-95

扫码看视频

六、模型实体化

1. 打开花明塔模型，另存为"底座"，使用【组合编辑】🗔功能，【基体】选择底座第三层，【合并体】选择文字"伟人"，使用【减运算】🗔命令，单击确定，底座上就出现了几个孔，方便后期安装固定"伟人"文字，删除塔身及塔顶，保留底座部分，如图4-96和图4-97所示。

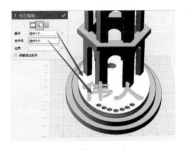
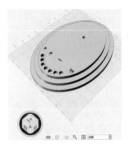

图4-96   图4-97

2. 打开花明塔模型，另存为"伟人文字"，删除底座、塔身及塔顶，只保留文字，切换到左视图，利用【动态移动】🔸命令，将文字绕 y 轴旋转60°，使文字水平放置，调整角度，移动文字，直到文字完全平铺于网格上，如图4-98和图4-99所示。

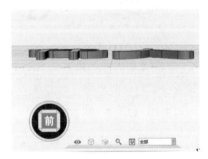

图4-98   图4-99

3. 打开花明塔模型，另存为"塔身1"，删除底座、文字及塔身第五层到塔顶的部分，只保留塔身第一层到第四层，使用【动态移动】🔸命令，将其向下移动，直到第一层下端与网格重叠，如图4-100所示。再次打开花明塔模型，另存为"塔身2"，删除底座、文字及塔身第一层到第四层，只保留塔身第五层到塔顶的部分，移动该部分，使塔身第五层下端与网格重叠，如图4-101所示。

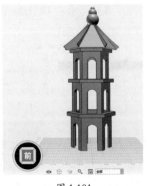

图4-100   图4-101

通过以上步骤，模型的分割完成，接下来将模型实体化——利用3D打印机将分割的各部分模型分别打印出来，再进行组装，得到我们能触碰到的完整实体模型。

4. 分别打开每一个分割后的模型，将其在3D One中导出成.stl文件，为后期切片做准备。如：打开"底座"模型，单击文件—导出—文件类型为.stl—保存—确定，如图4-102～图4-104所示。这里需要注意将导出的.stl文件单独存放到一个文件夹中。"伟人文字""塔身1""塔身2"3个模型按照同样的方法导出。

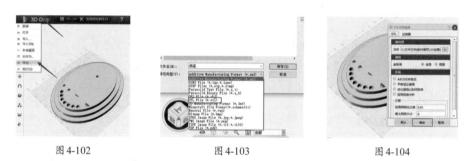

图4-102   图4-103   图4-104

5. 安装切片软件。因需要用到3D打印机配套的切片软件UltiMaker Cura，故需先将软件安装到计算机中，然后根据官方的操作视频进行打印前的设置，才可开始使用，如图4-105和图4-106所示。

图4-105   图4-106

6. 切片。打开切片软件，单击【打开】按钮，在弹出的对话框中，找到.stl文件所在的文件夹，选择需要打印的.stl文件，单击【打开】按钮，模型便被导入切片软件中，如图4-107～图4-109所示。

图4-107   图4-108   图4-109

7. 单击右下角的【切片】按钮，等待切片完成，得到一个.gcode文件，单击【保存到文件】按钮，将文件保存到可移动磁盘中，方便后期连接打印机进行打印，如图4-110和图4-111所示。

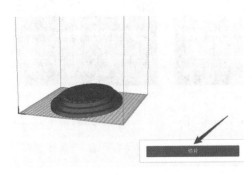

图4-110

图4-111

8. 按照上述方法将其他模型全部切片后保存到可移动磁盘指定的文件夹内，如图4-112所示。

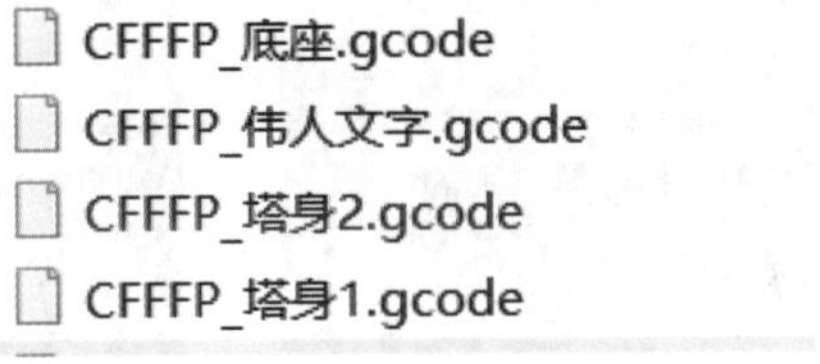

9. 在打印之前，需要清洁打印平台，将75%酒精均匀喷洒在平台上，用干净的棉布轻轻擦拭，直到平台没有明显灰尘及污渍。为了防止打印过程中出现翘边、移位的情况，可以在平台上均匀喷洒3D打印平台胶水1~2遍。所用试剂如图4-113和图4-114所示。

CFFFP_底座.gcode

CFFFP_伟人文字.gcode

CFFFP_塔身2.gcode

CFFFP_塔身1.gcode

图4-112

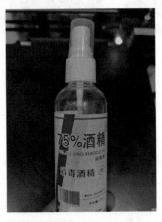

图4-113

图4-114

10. 将可移动磁盘与3D打印机连接，打开电源，启动打印机，进行自动调平操作。选择【工具】命令，进入工具菜单，选择【自动调平】，机器会自动开始调平，调

平完成后，选择【返回】，打印机头会自动移动到打印平台的右上角，如图4-115 ~
图4-117所示。

图4-115　　　　　　　　　图4-116　　　　　　　　　图4-117

11. 打印模型。选择【打印】命令，进入打印菜单，通过按上下箭头找到文件所在
的位置；选择需要打印的文件，选择【确定】，进入打印程序；待打印机平台及喷头预
热完成，打印机便会开始打印，如图4-118 ~ 图4-123所示。

图4-118　　　　　　　　　图4-119　　　　　　　　　图4-120

图4-121　　　　　　　　　图4-122　　　　　　　　　图4-123

12. 按照上述方法，将所有的模型打印完成，最后用胶水等材料和工具将每一个实
体按照设计图拼接起来，花明塔实体就制作好了。

实践小技巧：1.对于需要良好的表面质感和环保性的制作原型、艺术品和装饰品，可以选
择PLA（聚乳酸）材质的耗材；对于需要良好的耐热性、韧性和机械性能的功能部件、电
子产品外壳等，选择ABS（丙烯腈-丁二烯-苯乙烯共聚物）材质的耗材。2.为了提高模型
打印的成功率，防止模型翘边、移位的情况出现，在打印之前需清洁平台，并在打印机平
台上均匀喷洒3D打印平台胶水1 ~ 2遍。

为了丰富作品的元素，提高作品的技术含量，可以添加一些智能硬件或者能实现某

些特定功能的电子元件等。接下来就介绍电子元件的采购、搭建及程序实现的过程。

七、搭建模块

购买音频控制模块、喇叭、电子按键、杜邦线、电源适配器等电子元件，进行搭建，各元件参数见表4-7。

表4-7

名称	参数
音频控制模块	直流电源输出电压为7~30V，输出功率为1.8W，最大工作电流为500mA
喇叭	功率为5W，尺寸为78mm×78mm×30mm
电子按键	尺寸及类型：直径10mm平头螺丝脚型，开关形式为快动单触点，额定电压为12～220V，发热电流为3A
杜邦线	公对公、长度为10cm的PVC线/硅胶线
电源适配器	220V交流电转12V直流电，输出电流为1A，接口外径为5.5mm，接口内径为2.5mm

1. 准备器材，如图4-124～图4-128所示。

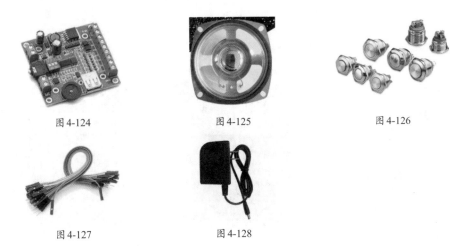

图4-124   图4-125   图4-126

图4-127   图4-128

2. 将喇叭安装到塔身的第一层，将喇叭导线和电源适配器的导线从底座导线孔穿入，如图4-129和图4-130所示。

图4-129

图4-130

3. 将导线连接到按键引脚上，然后将7个按键分别插入底座的7个按键孔中，可以用胶水进行固定，如图4-131和图4-132所示。

图4-131

图4-132

4. 音频控制模块接口如图4-133所示。将电源适配器正负线分别连接主板VCC+和GND−接口，将喇叭导线分别连接SPK1和SPK2接口，将7个按键导线的一端引脚分别连接K1～K7接口，导线的另一端引脚绑在一起连接到VGND接口，如图4-134和图4-135所示。至此，电子元件搭建完成，通电测试。

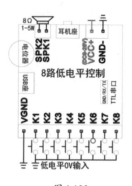

图4-133

图4-134

图4-135

5. 制作音频。用手机录音软件录制7段介绍革命先辈事迹的音频，然后将音频文件导入CoolEdit软件中进行处理；给每一段音频加入混响，对音色进行美化，然后加入背景音乐；最后导出成.mp3格式的文件，如图4-136所示。

6. 上传音频。用USB数据线连接音频控制模块和计算机，打开【我的电脑】，在新的磁盘中打开音频控制模块自带的上传软件；将制作好的音频加载到软件中，单击更新，等待更新完成，

图4-136

音频文件即上传到音频控制模块。至此，作品制作完成，如图4-137～图4-141所示。

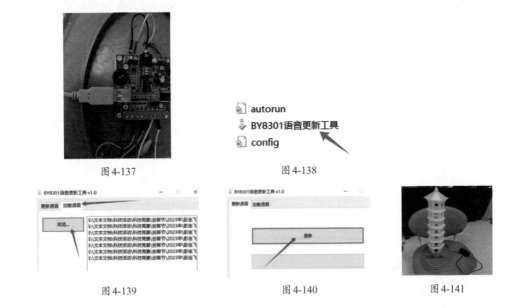

图 4-137

图 4-138

图 4-139

图 4-140

图 4-141

练习与思考

根据以上步骤，你能够完成花明塔实体的制作了吗？如果不能，问题在哪儿？

4.4 ▶ 模型优化

在我们利用3D打印机打印的过程中或者打印出模型的实体后，可能会发现一些问题，一旦发现问题，就需要根据发现的问题，返回到建模软件中对模型的整体或者某个部分进行优化处理。

4.4.1 优化方法

模型制作完成后，可以请家长、各学科老师，甚至专业人士进行指导，听取他们的建议，从而进一步增强自己的创新力，使作品更加完美。

归纳整合

本案例根据实体效果进行分析，发现存在以下几个方面的不足，同时提出了相应的解决方案，如表4-8所示。

表4-8

优化前	存在的问题	优化的办法
将模型分为底座、文字、塔身1、塔身2共4个部分打印	如果加支撑，就会造成打印时间加长、耗材浪费严重；如果不加支撑，会造成悬空的位置塌陷、粗糙不平的情况，甚至打印失败	1. 将底座分成3个单独的部分，分别单独打印。 2. 将文字分开，平铺打印。 3. 将塔身分成7个单独的部分，分别单独打印。每个部分旋转180°，将周长较大的部分平铺于平台。 4. 将塔顶平铺于平台，单独打印。 5. 最终将各部分用胶水黏合，组成一个完整实体

采取以上对实体进行分割、分开打印的优化办法，就能使模型打印更加顺畅，实体更加完整。

4.4.2 优化实施

1. 保存底座第一层。打开花明塔模型，另存为"底座第一层"；保留底座最下面一层，删除其他部分，如图4-142和图4-143所示。

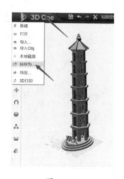

图4-142

图4-143

2. 保存底座第二层。打开花明塔模型，另存为"底座第二层"；保留底座第二层，删除其他部分，使用【动态移动】 命令，将底座第二层往下移动，直到其下端与网格重叠，如图4-144和图4-145所示。

图4-144

图4-145

3. 保存底座第三层。打开花明塔模型，另存为"底座第三层"；保留底座第三层和文字层，删除其他部分，使用【组合编辑】🧊中的【减运算】👤命令，【基体】选择底座第三层，【合并体】选择文字"伟人"，单击确定，底座第三层上就留下了几个孔，方便后期安装文字；删除文字层，只保留底座第三层，使用【动态移动】💠命令，将底座第三层向下移动，直到其下端与网格重叠，如图4-146～图4-148所示。

 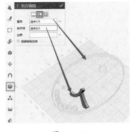 

图4-146　　　　　　　　图4-147　　　　　　　　图4-148

4. 保存塔身第一层。打开花明塔模型，另存为"塔身第一层"；保留塔身第一层，删除其他部分，使用【动态移动】💠命令，将塔身第一层向下移动，直到其下端与网格重叠，再将塔身第一层翻转180°，形成下大上小的状态。如图4-149～图4-151所示。

图4-149　　　　　　　　图4-150　　　　　　　　图4-151

5. 分别保存塔身第二层到第七层，按照步骤4的方法将塔身第二层到第七层处理完成，如图4-152所示。

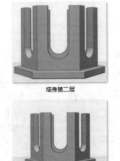 

图4-152

81

6. 保存塔顶及文字层，打开花明塔模型，分别另存为"塔顶"和"文字伟人"；分别保留塔顶和文字，删除其他部分，将塔顶下移至其下端与网格重叠；将文字翻转60°，下移至其下端与网格平齐，如图4-153和图4-154所示。

图4-153

图4-154

7. 分别打开每一个模型文件，将其在3D One中导出成.stl文件，为后期切片做准备。如打开"底座第一层"，单击文件—导出—文件类型为.stl—保存—确定。其他的模型文件按照同样的方法打开并导出，如图4-155～图4-157所示。

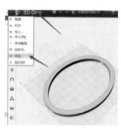
图4-155

图4-156

图4-157

拓展阅读

3D打印技术

日常生活中使用的普通打印机可以打印利用计算机设计的平面物品，而所谓的3D打印机，其工作原理与普通打印机基本相同，只是打印材料有些不同；普通打印机的打印材料是墨水和纸张，而3D打印机内装有金属、陶瓷、塑料、砂等不同的打印材料，如图4-158所示。打印机与计算机连接后，通过计算机控制将打印材料一层层叠加起来，最终把计算机上的图变成实物。通俗地说，3D打印机就是可以打印出3D物体的一种设备，比

图4-158

如打印机器人、玩具车，甚至是食物等。之所以通俗地称其为打印机，是因为其参照了普通打印机的技术原理，其分层加工的过程与喷墨打印十分相似。这项打印技术称为3D打印技术。

4.5 成果展示

通过小创客的不断努力，作品终于圆满呈现，并且还参加了全市科技创新作品集中展览，让更多的人知道了3D打印技术，了解了3D One等3D设计软件；小创客在展览中获得了很多人的赞美，体会到了成功的乐趣，更大地增强了自身的创造信心。

4.5.1 展示规划

创意作品一般有以下几种展示方式。

（1）参与竞赛。利用各种竞赛平台将作品展示出去，既能够让更多的人了解作品，同时也能够让自己的劳动成果在竞赛中得到更高层次的体现，进一步激发自己的创作积极性。

（2）汇报演示。通过PPT呈现和实地汇报的形式向观众展示作品实物、照片、视频、数据结果等内容。

（3）活动展览。通过绘画、海报等形式对作品进行展示。

交流讨论

小组讨论，各种成果展示方式分别有什么优缺点？你最喜欢哪种形式？将你们小组的讨论结果填入表4-9中吧！

表4-9

展示方式	优点	缺点
参与竞赛		
汇报演示		
活动展览		

针对不同的竞赛，我们应根据具体的竞赛要求进行相应成果展示的准备。

4.5.2 申报填写

本案例采用提交作品实物和填写申报书的方式进行成果展示的呈现，作品实体的制作在前文已经进行了详细的讲解，下面就对申报书的填写进行介绍。为了提高作品的获奖率，申报书建议附上相应的设计文档、设计及制作的过程性图片、作品的展示视频等，如表4-10所示。

表4-10

姓名	×××	性别	男/女	年龄	×××	1寸彩色照片
学段	小学□ 初中□ 高中□			年级	××年级	
辅导教师	×××			联系电话		137××××××××
参赛作品信息						
作品名称	花明塔					
作品概述	说明：包括作品介绍、运用的科学原理、创新点、理论或应用价值等。 （可附件） （1）作品介绍。本作品以花明楼为设计元素，用3D One设计出花明塔的立体图形，再用3D打印机打印出实体，利用录音软件录制了宁乡市7位革命先辈的事迹的音频并通过7个按键、音频控制模块和喇叭进行播放。本作品旨在缅怀为新中国的建立立下汗马功劳的宁乡市革命先辈。 （2）科学原理。本作品利用3D打印技术打印实体，结合音频控制模块、电子元件、电路连接等完成作品的架构，运用手机录音技术录制7位革命先辈的光辉事迹音频，运用CoolEdit对音频进行处理加工，如音色的美化、音频的分割、背景音乐的使用。最后将7个音频文件导入音频控制模块，通过7个按键就可以随机控制7段音频的播放。 （3）创新点。作品主题为本地的红色文化，具有一定的地方特色；综合运用技术比较全面，如3D设计、3D打印、音频处理、电路连接等。 （4）应用价值。本作品旨在传承红色文化、缅怀革命先辈、培养爱国情怀，可以应用于老师的课堂教学，通过视觉、听觉让同学们能更深刻地感受到革命先辈的光辉事迹，增强爱国情怀。					
辅助材料	说明：如有对作品进行辅助说明的文档、图片或视频，可在书面申报时一并提交。 1. 研究报告1份　　2. 过程性图片7张　　3. 研究视频1份					
申报人签字确认	本人承诺所提交申报材料都是真实、准确、有效的，如有弄虚作假、侵权等违规行为，自愿承担因此造成的一切相关责任及后果。 申报人： 年 月 日					
学校意见	（学校盖章） 年 月 日					

申报书的规范填写、辅助材料的充分准备是非常重要的，填写申报书和准备辅助材料需要注意以下几点。

（1）申报书的基本信息要填写准确、规范，字体大小要适当，最好不要超格；照片要严格用1寸蓝底或白底高清照片，要养成认真严谨的习惯。

（2）作品概述要严格按照要求将作品介绍、运用的科学原理、创新点、理论或应用价值都阐述清楚，表述要适当精练，一般控制在300 ~ 500字。

（3）辅助材料的填写非常重要，在这个栏目中要如实填写如研究报告、过程性图片数量、研究视频或作品介绍视频等信息。

（4）申报人签字确认和学校意见不能缺，按照要求完成即可。

交流讨论

你认为申报书的填写和资料的提交还有哪些需要注意的呢？

提高练习

学习了这个案例，你有哪些收获？受到了哪些启发？开动你智慧的头脑，细心观察学习和生活中的事物，你能发现什么问题？你能用学到的知识设计出解决这些问题的作品吗？

请你根据本案例中所学习到的特性列举法，以我国浙江省杭州市西湖区著名的雷峰塔为研究对象，通过特性分析、特性列举，对某些特性提出自己的创意和改进的设想，并利用学习到的软件和硬件知识完成你的作品。参考图片如图4-159所示。

图4-159

05

第5章
流感防治机器人

案例情况

地区：吉林省长春市

组别：初中组

奖项：省级一等奖（吉林省中小学人工智能综合实践活动）

选手：田爱茜

指导教师：王秀辉

科学性：★★★

创新性：★★★

艺术性：★★★

技术性：★★★

上手难度：★★★

作品简介

在校园这一青少年高度集中的环境中，流感病毒的传播速度极快，防控难度大，严重威胁到学生的健康和学习环境。面对这一问题，小创客深入研究了流感的传播特性以及校园的具体需求，认识到需要一种多功能集成的智能设备来提升流感防控的效率和成效。基于此，他们运用异类组合法设计出一款集多项功能于一体的流感防治机器人。该机器人不仅具备打卡和测温功能，还能够执行消毒、快速预警、扫码以及储物等任务，全面覆盖校园流感防控的关键环节，为校园提供了一种创新的流感防控解决方案。流感防治机器人渲染效果如图5-1所示，项目概览如图5-2所示。

图 5-1

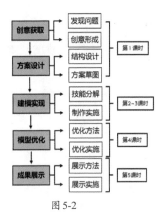

图 5-2

5.1 ▸ 创意获取

在构思"流感防治机器人"这一作品时，小创客的创意来源于对日常生活的关注。在流感季节，学校作为人群高度集中的环境，流感病毒的传播速度极快，对学生的健康状况和学习活动造成不利影响。他们认识到，在校园内实施传统流感防治措施存在诸多挑战，例如提升测温速度、优化消毒流程以及对学生健康状况的监控等。基于此，他们开始探索如何运用现代科技，尤其是机器人技术，来应对这些挑战。

5.1.1 发现问题

问题探究

在获取创意的过程中，小创客首先进行了深入的市场调研，这包括查阅相关文献、分析流感传播模式以及考察现有技术在类似场景下的应用情况。他们还与学校管理层、医疗专家以及学生代表进行了深入的交流，以掌握不同利益相关者对于流感防治的具体需求和期望。通过这些调研，小创客识别出了一个共同的需求点：需要一个集多种功能于一体、操作简便、自动化程度高的设备，以提升校园流感防治的效率和效果。

基于这些调研成果，小创客开始构思一个多功能机器人，它不仅能够自动完成学生的日常打卡和体温检测，还能够进行环境消毒、识别学生信息以及提供医疗物资储物空间。他们期望通过这款机器人，为学校提供一个全面的流感防治解决方案，从而保障青少年的健康，并确保教学活动的顺利进行。

归纳整合

围绕竞赛主题将发现的问题统一整理成表格并提出创新解决方法，如表5-1所示。

表5-1

问题类别	校园防治流感的问题	创新解决方法	机器人的必要性
管理效率	手动测温、打卡效率低下，易造成拥堵和接触传播	集成自动打卡和非接触式测温功能，提高效率，减少接触	提高校园管理效率，减少流感传播风险
健康监控	难以实时监控学生的健康状况，发现异常不及时	实时体温监测和健康数据收集，快速智能预警系统	及时发现和隔离流感病例，减少病毒扩散
环境消毒	校园环境消毒工作烦琐，难以全面覆盖	配备自动消毒设备，定期对公共区域进行消毒	减少病毒在校园环境中的存活，降低感染率
信息管理	学生健康信息管理不便，紧急情况下难以快速响应	扫码识别学生信息，便于健康管理和紧急联系	快速获取学生健康信息，提高应急响应能力
储物需求	应急医疗物品存放不便，易造成混乱	提供储物空间，方便存放应急医疗物品	减少物品遗失，保持校园秩序

5.1.2 创意形成

创新分析

在此基础上，小创客围绕多功能、安全和智能等关键词进行作品创新分析，得出以下创新点，如表5-2所示。

表5-2

序号	创新点
1	上班打卡、上学打卡
2	测温超37.2℃报警
3	人脸识别学生信息，建立健康档案
4	75%医用酒精消毒
5	存储口罩、温度计等应急物品

创意方法

基于以上创新点，小创客萌生出了利用异类组合法设计一款集打卡、测温、消毒、扫码、储物多项工作于一身的流感防治机器人。

提示：异类组合法是将两种及以上的事物组合，产生新事物的方法。这种方法将研究对象的各个部分和各种属性联系起来综合考虑，从而整体把握事物的本质和规律。

本案例就利用异类组合法形成创意，体现了综合就是创造的原理，如表5-3所示。

表5-3

序号	异类组合项	功能特点
1	考勤机	上班打卡、上学打卡
2	测温仪	测温超37.2℃报警
3	扫码器	人脸识别学生信息，建立健康档案
4	自动消毒喷雾机	75%医用酒精消毒
5	抽屉	存储口罩、温度计等应急物品

创意描述

　　小创客进一步分析并作出总结：机器人要在流感防治中发挥重要作用。为了完成打卡、测温、消毒、扫码等任务，其外观设计需要充分体现这些功能。例如，在机器人的头部配备人脸识别装置，让打卡变得轻松便捷；身体前方装设热成像摄像头和自动消毒喷雾装置，有效完成测温和消毒任务；机器人的底部设计成可伸缩式底盘，使其在实际工作时能够适应不同场景，满足学校及其他场所的使用需求。这样的流感防治机器人不但功能齐全，而且外观设计独特，展现出科技与美学的结合。

　　流感防治机器人的尺寸设计充分体现了人性化原则。不仅考虑到其在校园内到处移动时的高度问题，还兼顾了稳定性和牢固性。将机器人设计成可爱的形象，更适合校园应用的场景。

　　通过精心构思，小创客成功地设计了一款高效、可靠的多功能机器人，为流感防治提供了坚实的支持。

归纳整合

　　具体创意的总结如表5-4所示。

表5-4

创新点	创意功能描述
上班打卡、上学打卡	实时考勤系统，采用人脸识别技术，帮助学校领导和班主任解决考勤难题
测温超过37.2℃报警	热成像体温检测，人距离机器1m处绿灯亮起表示体温正常，若红灯亮起，并且发出鸣笛声，则提醒温度超过37.2℃
建立学生健康档案	利用人脸识别和物联网技术，记录学生健康情况，生成学生健康档案，随时做好学生的健康监测管理
75%医用酒精消毒	智能感应消毒，手靠近消毒区，自动喷出75%医用酒精进行消毒
抽屉	存储口罩、温度计等应急物品

睿行机器人系统——医疗应用版

这是一款已经投入使用的多功能医疗智能机器人系统，该系统搭载了先进的人工智能技术，能够高效地执行各类传染病防治任务。睿行巡逻机器人是出色的自主室内外巡逻设备，集成了高清全景移动视频监控、室外激光/GPS混合自主导航、自主避障/绕障、火灾识别报警、本体及环境信息感知、现场异常报警与数据上报、人体体温检测、双向语音对讲、后台远程监控、无线网络、移动人脸识别、危险预警、自动消毒液喷洒及智能云管理等功能。此外，根据实际安保需求，还可为其配备红外热成像（测温）摄像机及其他先进设备，使其成为安全保障的强大防线，如图5-3所示。

图 5-3

5.2 ▶ 方案设计

小创客经过深入思考与讨论，将有关流感防治机器人的创意转化为具体可行的设计方案，并说明其旨在解决校园流感传染防治的问题；然后通过提出详细的计划，确保方案的有效实施。

5.2.1 结构设计

根据创作意图和创作目的分析作品，并描述功能详情。

（1）上班打卡和上学打卡。

人脸识别考勤系统的主要功能是统计学校员工和学生的出勤情况。首先在考勤过程中，需在员工和学生签到时通过摄像头捕捉他们的面部照片。随后系统通过人脸识别算法从照片中提取特征值，再将提取到的特征值与数据库中预先存储的员工和学生的人脸照片特征值进行比较分析，若识别成功，则报出员工或学生姓名，表明考勤成功。

（2）测温超37.2℃报警。

热成像体温检测设备具有高精度测温功能，无须人工干预，配合现场的通道式设计确保畅通无阻。在保持有序通行的基础上，对人进行快速测温，无须等待。该设备在人距离它1m时进行检测，若绿灯亮起表示体温正常；若红灯亮起并发出鸣笛声，则表示温度超过37.2℃，警示发热人员禁止入内。此外，使用该设备能降低检测人员感染风险。

（3）人脸识别学生信息，建立健康档案。

利用人脸识别技术，学生身份得以准确识别，而机器人所收集的学生健康数据，包括体温和出勤记录等，均被安全地保存并用于实时监控学生的健康状态。这些数据不仅有助于学校及时发现学生健康问题，还能够预警潜在的健康风险，例如流感疫情的早期征兆。通过此方法，机器人不仅提升了校园安全管理的效率，还为学生提供了定制化的健康管理服务，确保了校园的健康与安全。

（4）75%医用酒精消毒。

感应式手部消毒设备依托感应原理，实现了无须触碰即可喷洒消毒液，对双手及上臂区域进行高效消毒。当手部靠近消毒区域时，系统将自动喷洒75%医用酒精，实现便捷且安全的消毒效果。

（5）抽屉。

抽屉用于存储口罩、一次性手套和温度计等应急物品，以备不时之需，让生活更加稳定有序。

围绕功能分析的思维导图如图5-4所示。

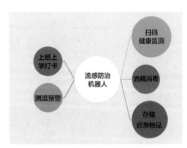

图 5-4

归纳整合

根据以上创意功能分析描述，下一步就可以对创意结构做初步构造了，根据前面设想的各种创意功能，进行作品结构的设计构思，如表5-5所示。

表5-5

创意功能描述	功能结构实现
采用人脸识别技术实时考勤	人脸识别摄像头安放在机器人的眼睛部位
热成像体温检测	将热成像反应按钮设计在机器人围脖下方。体温正常绿灯亮，体温超37.2℃红灯亮并发出鸣笛声
人脸识别学生信息，建立健康档案	健康档案显示在机器人胸部的屏幕上
智能感应消毒	由紫色小孔喷出75%医用酒精
储物	机器人的下方做个抽屉，用于存放应急物品

5.2.2　方案草图

进行了上述的分析和总结之后，我们可以正式开始绘制作品结构草图。

小创客先用铅笔勾画出作品轮廓结构，反复调整各部位比例关系，然后用马克笔涂上颜色，得到设计方案一如图5-5所示，设计方案二如图5-6所示。

图 5-5

图 5-6

方案优化

通过征求和比对家人、同学及老师的意见，两个方案的优缺点也越来越清晰地展现出来，如表5-6所示。

表5-6

序号	优点	缺点
方案一	外观方正有科技感	1. 容易联想到工业流水作业机器人，冷冰冰的智能金属工具。 2. 其锋利的直角设计存在误伤他人的风险。 3. 外观造型较不美观
方案二	1. 造型可爱，给人以亲和力。 2. 体积小巧，便于搬运。 3. 各功能区域布局合理，满足使用需求	未进行储电功能的设计

经过对比和综合考虑，最终确定采用设计方案二。

交流讨论

扫码看视频

你是否还有更好的方案呢？谈谈你对现有方案的想法。没有灵感的时候，尝试询问一下星火大模型吧，或许会激发出你新的灵感呢！

拓展阅读

怎样绘制草图?

绘制草图是一项重要的技能，无论是在设计、建筑、工程、艺术还是其他许多领域，都有着广泛的应用。以下是一些基本的步骤和技巧，可以帮助你绘制草图。

（1）准备工作：在开始绘制草图之前，你需要准备一些基本的工具，如铅笔、橡皮擦、尺子、圆规等。

（2）构图：在开始绘图之前，先在纸上轻轻地画出大概的框架。确定图像的比例和位置。在这个阶段，不必过度关注细节，只要大概确定出图像的形状和位置就可以了。

（3）开始绘图：一开始不用在意细枝末节，画出基本形状即可。主要是表达出你的想法和设计。

（4）添加细节：一旦对草图的基本形状和位置感到满意，就可以开始添加更多的细节，如线条、阴影、颜色等。在这个阶段，需要关注细节，以尽可能确保图像看起来真实和生动。

记住，绘制草图是一个迭代的过程，需要不断地实践和改进。通过不断地练习，你可以提高你的绘图技能，并更好地表达你的想法和设计，如图5-7所示。

图 5-7

5.3 建模实现

在完成方案设计的详尽阐述后，接下来为大家深入介绍流感防治机器人建模实现的具体过程。跟随这个过程，我们可以逐步搭建起模型的结构框架，最终实现流感防治机器人模型的建立。

5.3.1 技能分解

根据设计图纸，将多功能流感防治机器人分步绘制，建模方法如表5-7所示。

表5-7

序号	内容	主要方法
1	机器人主体	圆锥体、椭球体
2	头部	六面体、倒圆角
3	其他部位	基本实体、复制、缩放、拉伸、镜像、布尔运算、抽壳、阵列等
4	整体调整	移动、渲染、贴图等

5.3.2 制作实施

一切准备就绪，我们开始制作模型吧！

1. 制作主体。启动3D One，调整视图，使用【基本实体】🏀中的【圆锥体】🔺命令，在原点处绘制底面半径为20mm、顶面半径为13mm、高为80mm的圆台，如图5-8所示。

2. 制作头部。使用【基本实体】🐾中的【六面体】⬛命令，在坐标（0，0，80）处，绘制 *x* 轴方向为38mm、*y* 轴方向为30mm、*z* 轴方向为26mm的六面体。单击六面体边线，执行【圆角】🔷命令，圆角值设为6mm，边数为12，单击【确定】✓按钮，如图5-9所示。

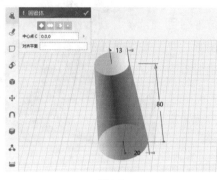

图5-8   图5-9

3. 制作眼睛（打卡区）。

（1）单击正视图，使用【基本实体】🐾中的【椭球体】🥚命令，绘制 *x* 轴方向为8mm、*y* 轴方向为3mm、*z* 轴方向为12mm的椭球体，如图5-10所示。

（2）选中绘制好的椭球体，按住Ctrl键，复制出另一个椭球体，如图5-11所示。

图5-10   图5-11

（3）选中其中一个椭球体，使用【基本编辑】✛中的【缩放】🔲命令，对其进行均匀缩放，比例为0.7，如图5-12所示。

（4）对缩小的椭球体使用【基本编辑】✛中的【移动】🔲命令，将其移动到左边椭球体上，调整好位置，如图5-13所示。

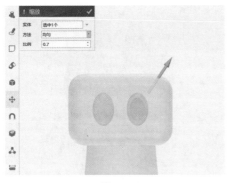

图 5-12

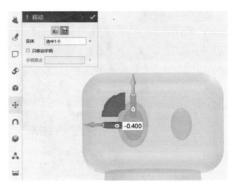

图 5-13

4. 制作角、侧面耳机。在正视图下，使用【基本实体】🔧中的【椭球体】⬭命令，绘制 x 轴方向为 8mm、y 轴方向为 5mm、z 轴方向为 20mm 的椭球体，同理进行复制、缩放和移动；在左视图下，使用【基本实体】🔧中的【椭球体】⬭工具，绘制 x 轴方向为 3mm、y 轴方向为 15mm、z 轴方向为 15mm 的椭球体，同理进行复制、缩放和移动，如图 5-14 所示。

5. 使用【基本编辑】✛中的【镜像】◫命令，做出另一侧图像，如图 5-15 所示。

图 5-14

图 5-15

提示：使用镜像命令时，最好用一个六面体作为参考体。

6. 制作围脖。使用【基本实体】🔧中的【圆环体】◯命令，在（0，0，79）处绘制半径为 14mm、截面半径为 1mm 的圆环，如图 5-16 所示。

7. 制作测温区。使用【基本实体】🔧中的【球体】⬤命令，在围脖下的合适位置绘制一个半径为 3mm 的球体，作为热成像摄像头；再往下一点绘制 2 个半径为 2mm 的球体，作为反应提示灯，如图 5-17 所示。

图 5-16

图 5-17

8. 制作健康档案显示区。

（1）使用【基本实体】 中的【六面体】 命令，在测温区下面绘制一个六面体，保持默认值不变，将六面体沿 y 轴方向移动 −5mm，如图 5-18 所示。

（2）使用【组合编辑】 中的【减运算】 命令，基本体选择主体，合并体选择六面体，单击【确定】 按钮，效果如图 5-19 所示。

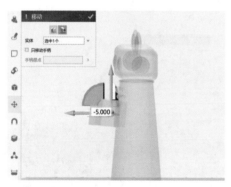

图 5-18

图 5-19

9. 制作消毒区。

（1）使用【基本实体】 中的【球体】 命令，绘制半径为 1.5mm 的球体，再使用【基本实体】 中的【圆柱体】 命令，绘制半径为 0.4mm 的圆柱体，执行布尔减运算后得到带圆孔的小球。

（2）选中带圆孔的小球，使用【基本编辑】 中【阵列】 命令，进行圆形阵列，阵列数目为 31，单击【确定】 按钮，如图 5-20 所示。

（3）正面留 7 个带圆孔的小球，其余的删除，再将中间带圆孔的小球均匀缩放，比例为 1.2，如图 5-21 所示。

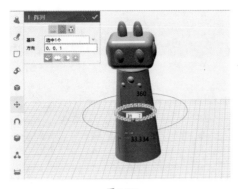

图 5-20

图 5-21

10. 制作存储区。

（1）复制主体。

（2）使用【草图绘制】🖊中的【圆形】⊙命令绘制半径为10mm的圆形，然后使用【草图绘制】🖊中的【直线】✎命令在圆形的上方绘制一条直线，最后执行【草图编辑】▢中的【单击修剪】╫命令，效果如图5-22所示。

（3）使用【特征造型】🔧中的【拉伸】▣命令，参数设定为15mm，执行布尔交运算后得到抽屉模型，如图5-23所示。

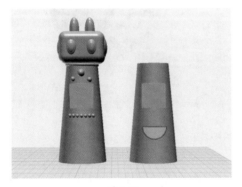

图 5-22

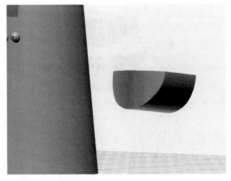

图 5-23

（4）复制一个抽屉模型体，将其移到主体上，如图5-24所示。

（5）使用【组合编辑】⬢中的【减运算】▣命令，基本体选择主体，合并体选择抽屉模型，单击【确定】✅按钮，效果如图5-25所示。

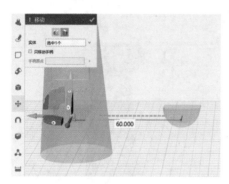

图 5-24

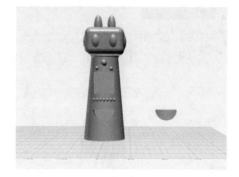

图 5-25

（6）在抽屉模型体上，使用【特殊功能】■中的【抽壳】■命令，抽壳厚度设置为−1.5mm，开放面选择顶面，如图5-26所示。

（7）使用【特征造型】●中的【拉伸】■命令，将抽屉模型体的前面拉伸，参数设置为"−1"，如图5-27所示。

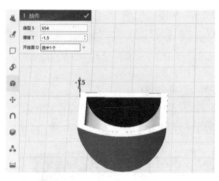

图 5-26

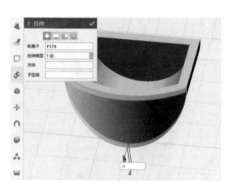

图 5-27

（8）将拉伸后的抽屉模型体，按1.1的比例进行缩放，如图5-28所示。

（9）将做好的抽屉模型体移到主体上，如图5-29所示。

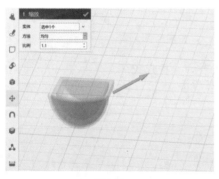

图 5-28

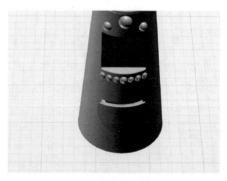

图 5-29

想一想：做抽屉时，为什么要用复制的主体通过布尔交运算得到抽屉模型体？你还能找到更好的方法吗？

11. 设计底座。

（1）将主体底面拉伸，参数设置为−10mm，如图5-30所示。

（2）使用【特殊功能】中的【抽壳】命令，抽壳厚度设置为−2mm，开放面选择底面，如图5-31所示。

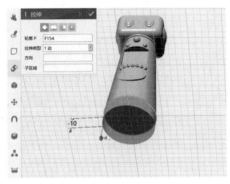

图5-30

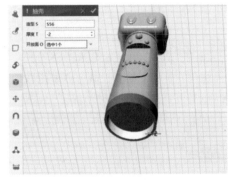

图5-31

（3）使用【基本实体】中的【圆环体】命令，在（0，0，0）处绘制半径为22mm、截面半径为2mm的圆环。然后将半径为1mm的球体阵列在大圆环上，如图5-32所示。

12. 添加模型体进行装饰。使用【基本实体】中的【椭球体】命令，绘制x轴方向为10mm、y轴方向为10mm、z轴方向为55mm的椭球体；再使用【基本实体】中的【椭球体】命令，绘制x轴方向为8mm、y轴方向为8mm、z轴方向为35mm的椭球体；调整位置后再进行镜像，如图5-33所示。

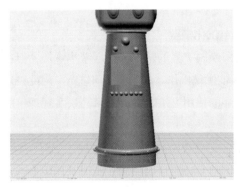

图5-32

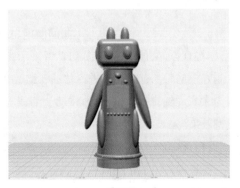

图5-33

扫码看视频

练习与思考

根据以上绘制步骤，能够绘制出模型吗？如果不能，问题在哪儿？

5.4 ▶ 模型优化

初步建模完成后，为了提高流感防治机器人的性能与精度，优化环节的重要性不言而喻。对流感防治机器人的建模做更为细致、更为精准的优化工作，让它更好地服务于流感防治事业。

5.4.1 优化方法

优化的方法有很多，既可以采用教师提问、学生讨论，最后师生共同得出结论的方法，也可以利用软件自带功能，快速对模型进行优化。优化后的模型具有更高的可视性、艺术性。

归纳整合

本案例作品采用问题讨论的方法，对绘制好的模型进行优化讨论，讨论结果及优化办法如表5-8所示。

表5-8

优化分类	优化部分	优化内容	优化办法
艺术性	头部	模型棱角	圆角处理
艺术性	部分位置	模型颜色	上色
艺术性	扫码区域	浮雕	贴图
艺术性	整体	模型渲染	增加材料质感及环境光
艺术性	爱心装饰	移动缩放	调整

拓展阅读

如何使用3D One优化模型

对3D One的使用，许多初学者表示，草图绘制工具的基本操作已基本掌握，但在绘制好模型后，有时需要进行移动、缩放或其他优化操作，却不知如何进行。因此，这里为大家详细解析3D One中移动、缩放等功能的使用方法，助力大家轻松实现理想的模型效果。

（1）移动。

要想调整模型在场景中的位置，可以使用3D One的移动功能。使用工具栏【基本编辑】✛中的【移动】🔧或【动态移动】➕命令，随后只需将鼠标指针移至方向轴上，按住鼠标左键并拖动，便可将模型精确地移动至所需位置。在移动过程中，用户既可以进行平移操作，也可以实现旋转移动，如图5-34所示。

（2）缩放。

在3D One中，若模型尺寸过大或过小，可利用缩放功能进行调整。使用命令工具栏【基本编辑】中的【缩放】命令，随后单击模型，拖曳绿色箭头即可实现尺寸的缩放，如图5-35所示。

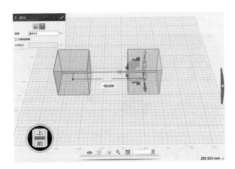

图5-34	图5-35

（3）阵列。

如果想要模型按照阵列的方式来排列，就可以调用3D One命令工具栏【基本编辑】中的【阵列】命令。可以采用线性或者圆形的方式来阵列，图5-36所示为采用线性阵列的效果，复制的数目和间距是可以自由调节的。

（4）镜像。

在使用3D One创建模型时，有时需要一个与其对称的模型来增强视觉效果。通过使用命令工具栏【基本编辑】中的【镜像】命令即可实现该需求。值得一提的是，镜像操作具有较高的灵活性，可以随意拖动和放置在想要的位置，如图5-37所示。

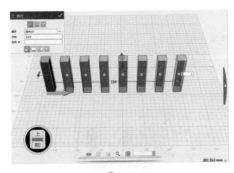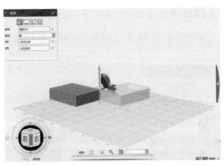

图5-36	图5-37

（5）DE移动。

在使用3D One构建模型的过程中，DE移动功能的应用颇为频繁。该功能通过调整模型表面的位置，从而实现对模型形状的改变，如图5-38所示。

（6）对齐移动。

在3D One中，我们可以通过创建两个或多个模型来实现模型的重叠或相切。为实现此目标，可使用命令工具栏【基本编辑】✛中的【对齐移动】▮命令进行操作，如图5-39所示。

图 5-38

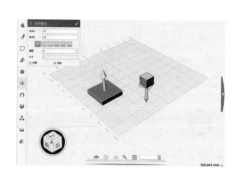
图 5-39

当我们用3D One进行创作时，灵活使用【基本编辑】✛中的【移动】▮、【缩放】▮等命令，能使模型设计效果更好，展现出令人惊叹的艺术魅力。这些工具就如同画师的画笔，为我们的创意增添色彩，让模型作品更优秀。

5.4.2 优化实施

优化实战

1. 选中模型的部分位置，使用【颜色】●命令，【自定义】好颜色后，单击【确定】✔按钮，如图5-40所示。

2. 对其他部分区域进行着色处理，效果如图5-41所示。

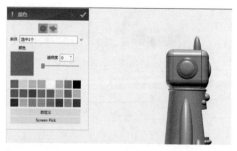
图 5-40

图 5-41

3. 绘制一颗爱心作为装饰。使用【特征造型】🔧中的【拉伸】📦命令，对爱心草图进行拉伸、移动及缩放操作，并将之调整至适当位置，如图5-42所示。

4. 使用【特殊功能】📦中的【浮雕】⬛命令，选取所需的JPG贴图文件，设定最大偏移值为0、分辨率为0.1，勾选【贴图纹理显示】复选框，单击贴图面，调整宽度并确认，如图5-43所示。

图 5-42

图 5-43

提示：贴图文件名字不要太长，注意设置偏移值为0、分辨率为0.1，并将【贴图纹理显示】复选框勾选上。

优化前后的效果如图5-44和图5-45所示。

图 5-44

图 5-45

5.5 ▶ 成果展示

最终，小创客迎来了成果展示的高光时刻。通过展示，让更多人领略到流感防治机器人的魅力。小创客要积极倾听观众的反馈与建议，并根据这些宝贵意见对流感防治机器人进行进一步的完善和优化，为其未来的探索之路铺设更加坚实的基石。

5.5.1 展示方法

成果展示方法多种多样，比如活动报告、实物标本、摄影、活动日记、记录材料、手抄报和展板等。本案例中，我们采用活动记录的方式进行成果展示。

5.5.2 展示实施

1. 填写作品报名表、说明文档等。

2. 制作作品说明PPT，如图5-46～图5-53所示。

图 5-46

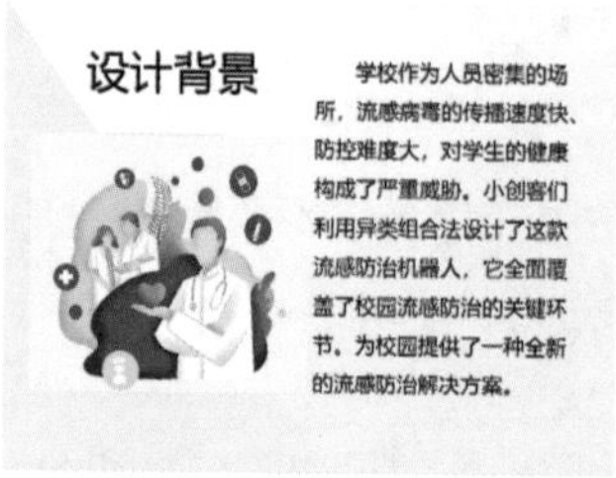

图 5-47

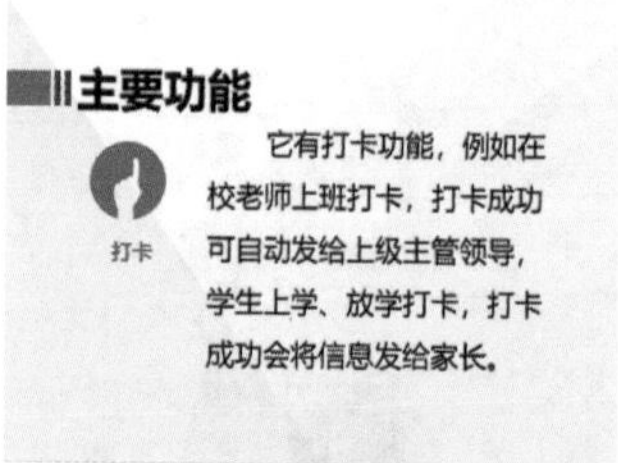

图 5-48

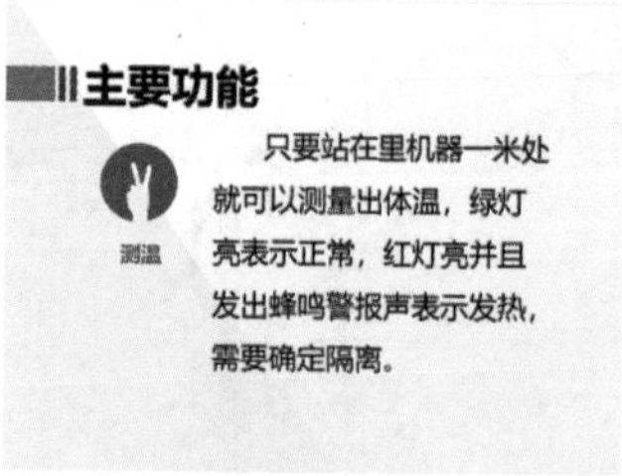

图 5-49

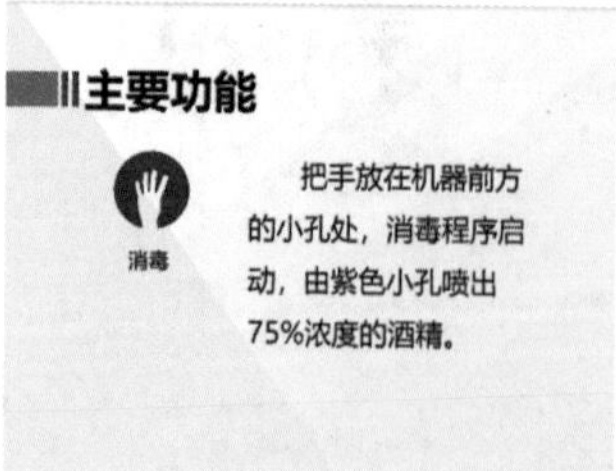

图 5-50

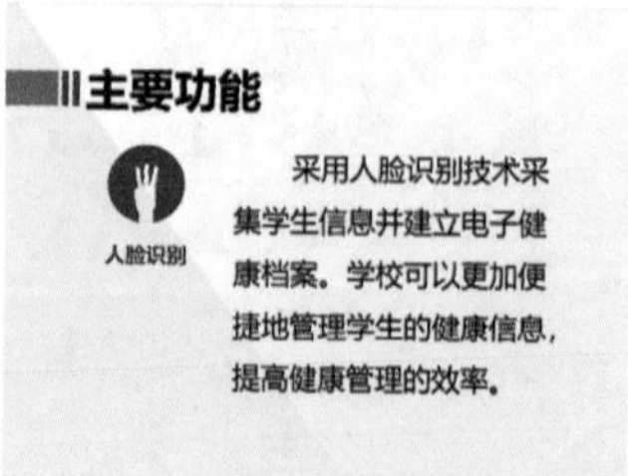

图 5-51

图 5-52   图 5-53

3. 视频录制。

（1）完成剪辑师软件的安装后，双击桌面图标启动该软件。

（2）登录软件，如图5-54所示。

（3）单击【录屏】，如图5-55所示。

图 5-54   图 5-55

（4）计算机桌面右下角出现录制窗口，在音频设置中勾选【麦克风（USB PnP Sound Device）】和【系统声音】复选框。在录制屏幕大小的选择上，可根据需求选择【自定义】或【全屏】，如图5-56所示。

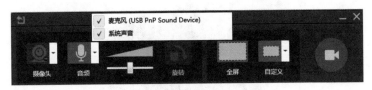

图 5-56

（5）打开已备好的PPT，切换至放映模式，并从起始处开始播放。单击录制窗口中的红色录制按钮，或按快捷键F9即可开始录制。

（6）在视频录制结束时，可按快捷键F10终止录制，也可以通过单击任务栏上的剪辑师图标，在弹出的窗口中单击正方形按钮，完成录制，如图5-57所示。

图 5-57

（7）单击【导出】按钮，便可获取刚才录制的视频。

交流讨论

你认为还有哪些因素会影响我们的视频制作效果？

提高练习

学习这个案例后你受到了哪些启发？通过对生活的观察和思考，你又发现了哪些问题？你能用学到的知识设计出解决问题的作品吗？

请你尝试设计出一款未来机器人。参考案例设计步骤，利用异类组合法，与小组伙伴讨论，你发现现在的机器人有哪些不足和有待改进的地方？完成你对未来机器人的设计创意，同时开动脑筋设计出你的未来机器人，参考图片如图5-58所示。

图 5-58

06

第6章
多功能自动驾驶概念车

案例情况

地区：辽宁省抚顺市

组别：小学组

奖项：省级一等奖（第二十一届全国师生信息素养提升实践活动）

选手：付润桐

指导教师：梁丽红

科学性：★★★

创新性：★★★★

艺术性：★★★★

技术性：★★★★

上手难度：★★★★

作品简介

随着经济的发展，拥有汽车的家庭越来越多，然而大多数车辆的功能相对单一，主要用于运输货物或载人。小创客在观察中发现，街头巷尾的小型店铺种类繁多，但经营模式大同小异，且需专人负责管理。因此，他提出"自动驾驶车辆+小店铺=多功能自动驾驶概念车"的创新理念，期盼一辆具备多种功能的车辆出现。基于这一创新理念，小创客创作了"多功能自动驾驶概念车"作品。

此概念车的车厢与车身设计独立，但尺寸固定。根据实际需求，白天可安装空车厢进行货物运输，晚上可换上具备各类功能的车厢生活，例如，影厅、小型书吧、天文观测点、照相馆，甚至体检中心等。这样的设想不仅实现了一车多用的目的，同时丰富了我们的业余生活。渲染效果如图6-1所示，项目总览如图6-2所示。

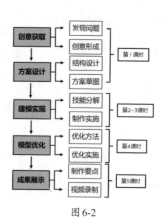

图 6-1   图 6-2

6.1 ▸ 创意获取

在设计多功能车辆时，创意灵感的获取是一个结合当前市场和其他多个领域进行深入思考和分析的过程。首先是进行市场调研，掌握社会大众的切实需求与待解决的问题，同时要了解当前市场的发展潮流，如智能化技术、环保理念以及功能多样化等。其次，我们需要从其他领域，如家居和电子产品等领域中汲取创意灵感，并探索如何将这些领域的先进设计理念通过建模技术巧妙地融入多功能车辆的设计之中。

6.1.1 发现问题

问题探究

在本案例中，小创客通过敏锐的观察发现，随着经济的发展，拥有汽车的家庭越来越多，然而大多数车辆的功能单一，如仅能用于运输货物或载人。同时，街头巷尾的小型店铺虽然种类繁多，但经营模式大同小异，且需专人负责管理，既耗时又费力。另外，当前车辆的安全智能程度尚不高，驾驶员在驾驶过程中需集中注意力，所以容易导致疲劳驾驶，从而增加事故风险。再者，许多车辆的行驶依赖燃油，会排放有害气体，对环境造成污染，如图6-3所示。

图 6-3

归纳整合

将发现的这些问题统一做成表格的形式，如表6-1所示。

表6-1

竞赛主题	生活中有待改善的地方
生活中的车辆问题	车辆功能用途单一； 车辆不够安全智能； 车辆燃油容易污染环境； 车辆不能24h运行； ……

6.1.2　创意形成

创新分析

小创客通过观察周围的汽车，萌生出了"如果有功能多样化且安全智能的一辆车该多好啊"的创新想法。在此基础上，小创客围绕"多功能""安全智能"等关键词进行作品分析，得出创新点，如表6-2所示。

表6-2

序号	创新点
1	一车多用高性价比
2	无人驾驶智能安全
3	新能源驱动节能环保
4	投入小，随时转换经营模式

创意方法

有了创新点，小创客还应该发散思维，寻找相关创新点的解决方法，以便快速发现问题和明确问题，同时写出对应的构思方案。

例如本案例所采用的方法——组合创造法就是其中很典型的一种创新方法，它通过将两个或多个要素、手段、原理或产品进行适当的组合和叠加，创造出新的发明。根据不同的组合形式，组合创造法又分为多种，如功能组合、结构组合、原理组合、技术组合等。

创意描述

结合使用组合创造法，小创客立足现实条件，从科学性、可行性、有无实用价值等方面思考，对创新点进行拓展和细化，并通过进一步分析、总结，形成作品的初步方案，即设计出具有多种功能且节能环保的无人驾驶车。该车不但可以用于平时的载人、拉货，而且中间有多个不同的可用于替换的主题车厢，使得此车既可家用也可商用。至此，"自动驾驶车辆+小店铺=多功能自动驾驶概念车"的创意主题初步形成。

归纳整合

具体创意功能描述如表6-3所示。

表6-3

创新点	创意功能描述
一车多用高性价比	许多车的功能都较单一，如仅能用于拉货、载人，而此车可以根据需要，白天装上空车厢拉货，晚上装上功能车厢生活。比如此车既可以是一个小影厅、一个小书吧、一个天文观测点，也可以是一个小型的照相馆，还可以是一个体检屋……这样不仅可以一车多用，而且可以使我们的业余生活更加丰富多彩
无人驾驶智能安全	现在的车辆都要人来驾驶操控，由于驾驶员精力有限，长时间工作容易造成疲劳驾驶，从而增加事故的风险。为了尽量避免事故发生，更大限度地适应未来社会生活的发展，加上随着如今人工智能的发展，无人驾驶、定点泊车等高新技术的出现，考虑将车辆设计成无人驾驶，会更加智能，或许也更加安全
新能源驱动节能环保	由于使用汽油等化石能源容易污染环境，考虑使用蓄电池模组驱动代替，更加节能环保
投入小，随时转换经营模式	如今市面上已经出现了小型厢式流动售货车并申请了相关专利，但经营模式单一，不够灵活，若能设计成多种售卖模式的车厢体结构，根据不同时段、季节和场地的实际需求，只更换车辆箱体，而无须更换其他主要部件，节约成本的同时，也兼顾了多种经营模式，符合现实需求

拓展阅读

什么是多功能车？

多功能车是汽车工业和现代社会共同发展所衍生的新概念，很难给其一个确切的定义。它涵盖的范围很广，有乘用车，也有一部分商用车。如车市流行的MPV、SUV、RV等，都可以被称为多功能车。多功能车是集轿车、旅行车和厢式货车的功能于一身，车内每个座椅都可以调整，并有多种组合方式，前排座椅可以180°旋转的车型。多功能体现在汽车上设置有家庭设施、娱乐设施，可供人们生活、休闲和娱乐，如图6-4所示。国内知名多功能车品牌有长安、庆铃、北斗星等，国外知名多功能车品牌有别克、大众等。

图6-4

6.2 方案设计

在方案设计的过程中，我们必须突出多功能车的创新之处。通过对其功能特性的深入分析，结合我们的创意需求，积极探索更有效地整合和优化这些功能的方法。我们在设计中巧妙地将创新性、实用性和便捷性进行融合，对结构设计和草图反复地推敲，最终达到多样化需求的标准。

6.2.1　结构设计

创意分析

根据创作意图和创作目的分析作品。

（1）一车多用高性价比。

该作品创作的初衷是希望设计出目前没有的一种多功能车型。这一作品是2020年设计的，目前看来虽然一些功能已经出现或正在普及，但这个作品中提到的功能仍然是比较超前的。

（2）无人驾驶智能安全。

随着人工智能的普及，无人驾驶、定点泊车等高新技术的出现，给人们带来了更方便、更安全的使用体验，智能行驶是未来交通工具的发展趋势。

（3）新能源驱动节能环保。

小创客在创作中考虑到了社会问题，值得表扬。对环保的思考反映了小创客的社会责任感，也体现了德育教育的成果。

（4）投入小，随时转换经营模式。

小创客擅长从多个角度思考问题，为节约成本，采用可切换的多种经营模式，小成本经营也许是未来的发展趋势。

上述功能总结如图6-5所示。

图6-5

基于对以上几个创新点的分析，我们知道了是什么打动了评委，让这个并不复杂但具有奇思妙想的作品入围了国赛。

归纳整合

根据以上创意功能分析描述，下一步就可以对创意结构做初步构造了。根据前面设想的各种创意功能，进行作品结构的构思设计总结，如表6-4所示。

表6-4

创意功能描述	功能结构实现	备注
根据不同使用需要，实现多种经营模式的切换	设计多个尺寸相同，但功能多样的车厢体。 车厢一：移动影厅。 车厢二：太空观测车。 车厢三：小书吧	每个车厢内部部件还需进一步细分制作
实现车辆无人驾驶	设计无人驾驶舱，区别于传统车辆的普通驾驶室	
实现新能源驱动车辆	设计车辆内部的主体蓄电池箱结构	
其他功能部件	特制车轮、车灯等	

6.2.2　方案草图

根据创新点，绘制具备相应功能和结构的作品草图。进行创意构思和设计时可使用计算机绘制草图，也可以手工绘制草图。设计方案一如图6-6所示，设计方案二如图6-7所示。

图6-6

图6-7

方案优化

小创客经过征求和比对家人、同学、老师的意见，弄清楚了两个方案的优缺点。经过反复地推敲，不断地优化，最终确定设计方案，如图6-8所示。

图6-8

交流讨论

你是否还有更好的方案呢？谈谈你对现有方案的想法。没有灵感的时候，尝试询问一下星火大模型吧，或许会激发出你新的灵感呢！

扫码看视频

草图

草图在现代设计中具有举足轻重的地位。尽管现代设计过程中应用了诸多先进的技术与工具，如3D建模和计算机辅助设计软件，草图仍被视为设计师的必备之选，其重要性可归纳为以下4个方面。

首先，草图有助于思维表达和探索。作为将设计师的创意快速转化为图像形式的工具，草图能帮助他们建立头脑中的抽象概念与实际设计之间的联系。通过草图，设计师能迅速尝试不同的构思和设计方案，挖掘各种可能性，从而确定最佳设计方向。

其次，草图在沟通和共享方面具有重要作用。设计师可利用草图与其他团队成员（如客户、工程师、制造商等）进行有效沟通和设计思路分享。草图能更清晰地传达设计概念和意图，帮助他人理解设计师的构思。同时，草图还能促进团队间的讨论和反馈，推动设计的进一步改进与创新。

再次，草图赋予了设计师创造的自由和灵感。作为一种自由、快速且直观的表达设计想法的方式，草图使设计师能够更好地发挥创造力和想象力。相较于计算机软件的功能限制性，草图允许设计师进行任意方式的涂鸦、标记和修改，帮助他们保持开放和充满灵感的状态，如图6-9所示。

最后，草图在现代设计中具有重要价值。无论是在思维表达、沟通共享，还是在创造的自由与灵感方面，草图都为设计师提供了独特的优势。因此，尽管现代设计技术日新月异，草图仍被视为设计师不可或缺的伙伴。

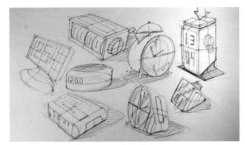

图6-9

6.3　建模实现

由于多功能车结构复杂且功能多样，我们在建模过程中，必须精确掌握其各个部件的尺寸、形状及相对位置。建模时，应细致刻画各部件的对称关系与相对比例，特别是车轮中心位置及孔洞大小等核心参数，以确保所建立的模型与实际车辆在外观和结构上均达到高度一致的效果。这些细致的处理，不仅体现了建模的严谨性，也为后续的模型打印奠定了坚实的基础。

6.3.1　技能分解

根据设计图纸，将多功能的自动驾驶概念车分步绘制，如表6-5所示。

表6-5

序号	内容	功能应用
1	车身主体	草图绘制、拉伸、实体分割等
2	车轮	草图绘制、实体分割、阵列等
3	多功能车厢一	草图绘制、拉伸等
4	多功能车厢二	草图绘制、实体搭建等
5	多功能车厢三	草图绘制、实体搭建等

6.3.2 制作实施

一切准备就绪，我们开始绘制模型吧！

一、绘制车身主体

1. 打开3D One，在工作区绘制一个六面体作为参考体，如图6-10所示。

2. 切换至前视图，使用【草图绘制】🖊中的【圆形】⊙命令，在参考体前面绘制半径为102mm的圆形，如图6-11所示。

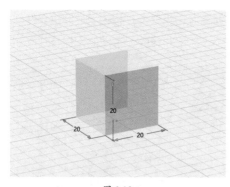

图6-10   图6-11

3. 单击绘制的圆形，使用【拉伸】⬚命令，设置拉伸距离为−90mm，如图6-12所示。

4. 进入正前视图，在拉伸所得圆柱体前面绘制上下两条直线，如图6-13所示。

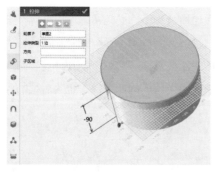   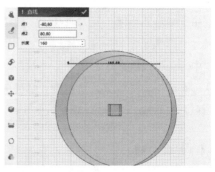

图6-12   图6-13

5. 使用【特殊功能】🔲中的【实体分割】🔲命令将实体分割，如图6-14所示。

6. 单击标题栏上方快捷菜单中的【删除】❌命令，将分割的实体两端删除或按键盘上的Delete键删除被选中的橙色实体，如图6-15所示。

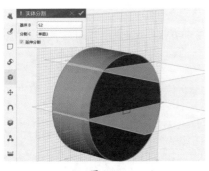
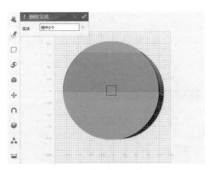

图6-14　　　　　　　　　　　　　　　　　　图6-15

7. 利用【草图绘制】✏️中的【直线】✒️命令绘制对称的封闭图形，可使用【基本编辑】✛中的【镜像】◪命令使图形对称，然后删除中间的镜像线，将线与线调整至使图形封闭，单击【确定】✅按钮，如图6-16和图6-17所示。

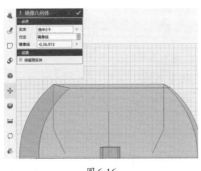
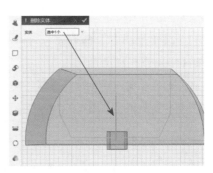

图6-16　　　　　　　　　　　　　　　　　　图6-17

8. 选中绘制的封闭图形，按Ctrl+C组合键复制，复制的起始点和目标点均设为0，如图6-18所示。

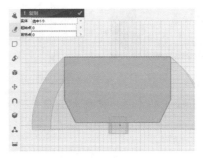

图6-18

想一想：为什么这里要复制草图？

9. 选中绘制的封闭图形进行拉伸，拉伸距离设置为 –90mm，并且选择拉伸方式为【减运算】 ，如图6-19所示。

10. 对复制的草图也进行拉伸，距离同样是 –90mm，拉伸出与车厢长度相同的实体作为活动厢体，如图6-20所示。

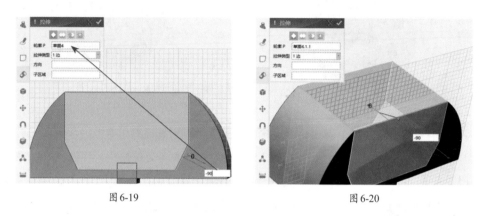

图6-19   图6-20

11. 使用【抽壳】 命令，对厢体进行抽壳，设置开放面为前面，抽壳的厚度为 –2mm，如图6-21所示。

12. 切换至前视图，选择【草图绘制】 中的【直线】 命令，在参考体上定位，绘制两条折角线段，如图6-22所示。

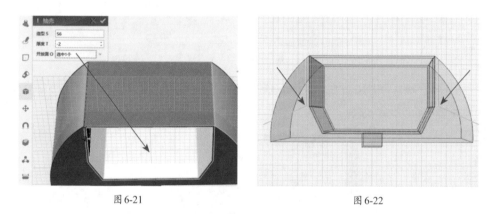

图6-21   图6-22

13. 使用【特殊功能】 中的【实体分割】 命令，将车体分割出前后两个不同造型的控制室，如图6-23所示。

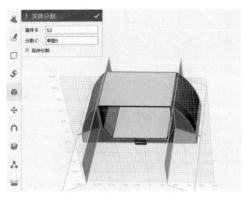

图 6-23

14. 切换至左前视图，选择分割出的上部实体进行缩放，缩放比例为0.9，如图6-24和图6-25所示。

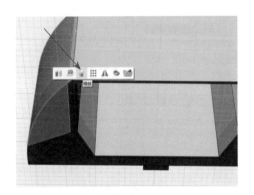

图 6-24

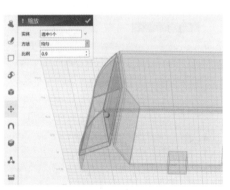

图 6-25

15. 切换至前视图，选中缩放的实体，选择【移动】命令，移动方式选择【动态移动】，推动移动方向箭头使其与车体连接，如图6-26和图6-27所示。

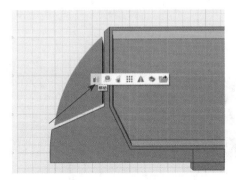

图 6-26

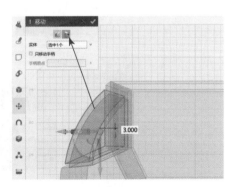

图 6-27

16. 使用【草图绘制】✎中的【圆形】⊙命令，在车厢上绘制两个圆，如图6-28所示；复制这两个圆，再拉伸其中一组并做【减运算】◨，绘制出轮胎所在的凹槽位置，如图6-29和图6-30所示。

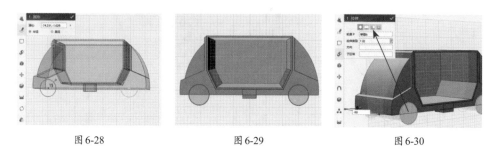

图6-28   图6-29   图6-30

17. 将另外一组圆向内拉伸 −15mm，缩放比例为0.95，制作轮胎与车体间留出一定的空隙，如图6-31和图6-32所示。

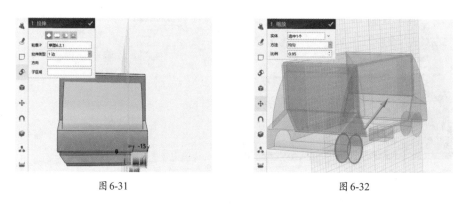

图6-31   图6-32

18. 隐藏轮胎后，切换至下视图，绘制底盘。选择【基本实体】◨中的【六面体】◨命令，对齐平面选择小车的底面，将六面体拉伸到合适的长度和宽度，如图6-33所示。

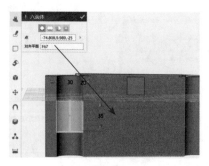

图6-33

19. 切换至前视图，选中六面体，选择【移动】 命令，选择【动态移动】 ，拖动向上的箭头将六面体移动到与厢体底边平齐的位置，单击【确定】 按钮，如图6-34所示；单击六面体，选择【阵列】 命令，方式为【线性阵列】 ，将其阵列到车尾相应位置，如图6-35所示。

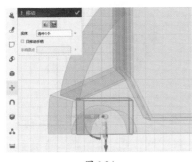

图6-34　　　　　　　　　　　　　　图6-35

20. 将车体的边线进行圆角处理，使其更加美观。至此就将车体绘制完成了，效果如图6-36所示。

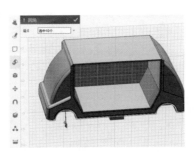

图6-36

二、绘制车轮

1. 全选多功能车主体，在下方浮动工具栏中选择【显示/隐藏】 中的【显示几何体】 命令，如图6-37所示，将隐藏的轮胎实体显示出来，进行下一步的绘制。

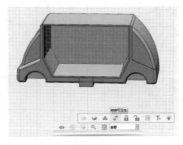

图6-37

2. 切换至前视图，使用【草图绘制】 中的【圆形】 命令在实体中心绘制一个半径为10mm的圆，用此圆对轮胎实体进行实体分割，如图6-38和图6-39所示。

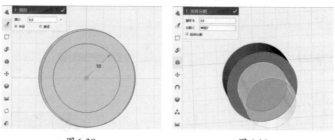

图6-38   图6-39

3. 单击轮胎的实体，选择【DE移动】 命令，将里面的圆柱体的一面推进−10mm，如图6-40所示；在内圆柱体外表面绘制轮毂草图，绘制时三角形要均匀分布，可以先绘制一个圆，使用【圆形阵列】 命令，阵列出10个三角形，相邻的间隔角度是36°，如图6-41所示；使用【特殊功能】 中的【实体分割】 命令，分割出轮毂的孔洞，删除被分割出的多余实体，如图6-42和图6-43所示。

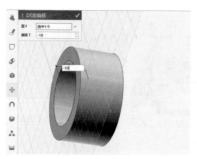
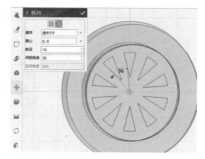

图6-40   图6-41

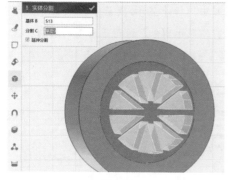
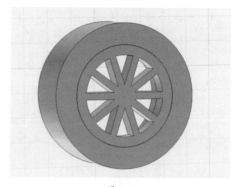

图6-42   图6-43

4. 使用【圆环折弯】◢命令，将轮毂进行折弯处理，圆环折弯的内、外半径为50mm，折弯使轮毂产生均匀的弧度，但也产生一些偏移。使用【移动】◫命令适当调整轮毂角度与轮胎外沿对齐，如图6-44和图6-45所示。

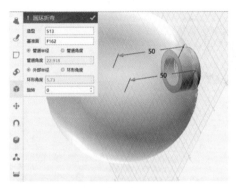 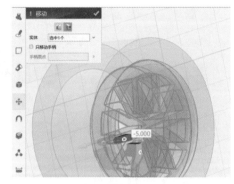

图6-44　　　　　　　　　　　　　　　　　图6-45

5. 在轮毂上使用【草图绘制】◢中的【圆形】⊙命令绘制圆形，拉伸成轮毂的中轴，并对边线做圆角处理，使用【镜像】◭命令将轮毂镜像，镜像面可以选择轮毂的平面。将镜像实体向内移动到轮胎的另一侧面，最后对轮胎所有边线做圆角处理，如图6-46～图6-48所示。

 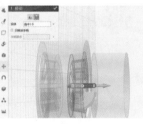 

图6-46　　　　　　　　　　图6-47　　　　　　　　　　图6-48

6. 在轮胎圆环面绘制出胎面花纹，将绘制出的花纹进行【圆形阵列】▦，使轮胎更逼真，最后将所有实体组合在一起，如图6-49和图6-50所示。

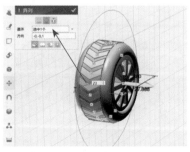 

图6-49　　　　　　　　　　　　　　　　　图6-50

7. 显示所有实体，使用【线性阵列】 ▦ 命令将轮胎阵列在多功能车的4个角的位置，至此轮胎绘制完成，如图6-51所示。

图6-51

三、绘制多功能车厢一

1. 复制绘制好的车厢外壳，复制出额外的两个车厢，如图6-52所示。第一个车厢在车厢主体上，是一个移动影厅，内有4张座椅和1个屏幕，如图6-53所示。

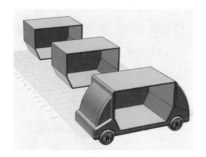

图6-52

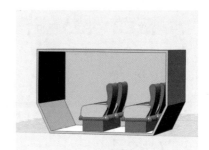

图6-53

2. 绘制可移动影厅的座椅。首先以车厢底为参照在车厢中绘制长为70mm、宽为20mm的矩形，如图6-54所示。为方便绘制座椅，将车厢和车体隐藏起来。选中要隐藏的实体，在工作区下方浮动工具栏中找出【显示/隐藏】 ▨ 中的【隐藏几何体】 ▨ 命令，对其进行隐藏，如图6-55所示。

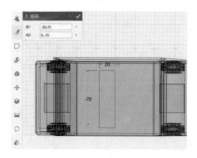

图6-54

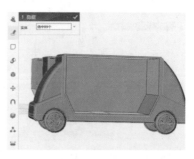

图6-55

3. 将长70mm、宽20mm的矩形拉伸成长方体，使用【基本实体】🔩中的【六面体】🔲命令在其上面搭建座椅并做圆角处理。用【圆弧曲线】⌒命令绘制出椅背，反复调整以达到合适的厚度和曲度，做圆角处理。将座椅和椅背组合然后复制，如图6-56所示。使用【草图绘制】✏中的【直线】✎及【圆弧曲线】⌒命令绘制出扶手，调节到合适的大小，使用【链状圆角】🔲命令将连接处处理圆润，如图6-57所示。

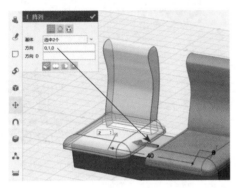

图6-56

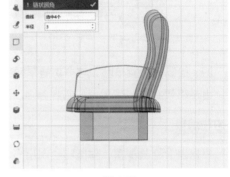

图6-57

4. 将扶手的草图拉伸到合适的宽度，在扶手上通过用圆柱体和【减运算】🔩命令做出放饮料杯的位置，如图6-58所示。

5. 将扶手阵列到相应位置并和座椅进行组合。再用此方法阵列出第二排的椅子，调整好距离，如图6-59所示。

图6-58

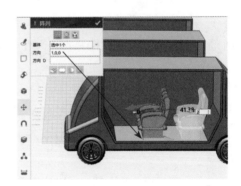

图6-59

6. 使用【移动】🔩命令将两排座椅移到车厢内合适的位置。使用【矩形】🔲命令在厢体前方绘制出影厅的屏幕，拉伸-90mm，与厢体等长。最后显示隐藏的厢体，如图6-60所示。

7. 显示全部，影厅厢体就绘制完成，效果如图6-61所示。

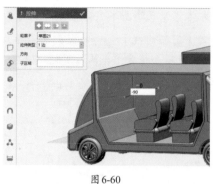

图 6-60

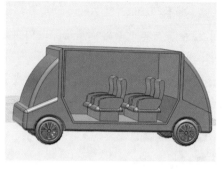

图 6-61

四、绘制多功能车厢二与多功能车厢三

由于篇幅有限，读者可扫码观看多功能车制作的全过程。

扫码看视频

练习与思考

根据以上绘制步骤，你能够绘制出多功能车的模型吗？如果不能，问题在哪儿？

6.4 ▶ 模型优化

3D创意设计的优化是一个至关重要的环节，它需要对模型的结构、色彩、纹理材质和阴影，以及所处环境等多个方面进行细致的调整。这些精细的调整，可以显著提升模型的视觉效果和真实感。此外，借助专业渲染软件，我们可以对场景光线进行精确调整，进一步提高模型的精细度，提升作品的整体质感和逼真程度。通过这些优化手段，我们能够制作出更逼真的3D模型，为观众带来卓越的视觉体验。

6.4.1 优化方法

模型优化的方法有很多，这里仅列举常用的优化方法。

（1）简化模型：对于复杂的模型，可以通过删除不合理或不必要的细节等减少资源占用。

（2）合理的配色和贴图：可以让作品更加出色。

（3）使用模型渲染：专业的渲染工具能使模型更加逼真、细腻。

归纳整合

本案例中，我们通过交流讨论，得到可从以下方面实现对模型的优化，如表6-6所示。

表6-6

优化分类	优化内容	优化办法
艺术性	模型棱边	圆角处理
艺术性	模型颜色	贴图上色调整
艺术性	模型渲染	增加材料质感及环境光

6.4.2 优化实施

依据团队对构建模型的探讨与交流，我们将从以下几个方面进行优化。首先，为所有模型的直角边线尽可能做圆角处理。其次，为作品做色彩渲染，并在适当位置进行贴图处理，比如在多功能车中小影厅的屏幕上，可选用当前热门电影海报作为贴图，以增强生活气息。若掌握RenderMan、Mental Ray、KeyShot等渲染工具的用法，可进一步打造更为逼真的效果，为作品增色。

本作品模型优化前后的效果如图6-62和图6-63所示。

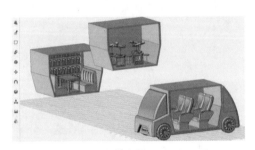

图 6-62

图 6-63

拓展训练

KeyShot渲染工具

KeyShot 意为 The Key to Amazing Shots，是一个互动性的光线追踪与全域光渲染程序，无须复杂的设定即可生成相片般真实的 3D 渲染影像。并且，KeyShot能与多款插件集成，快速、轻松地创建渲染和动画效果，示例渲染效果如图6-64所示。

虽然用户界面简单，但KeyShot 的功能不失强大，运行快速，所有操作都实时进行。其使用独特的渲染技术，让材料、灯光和图像等的变化显而易见。无论是静态图像、动画还是交互式网页、移动端内容，KeyShot总能创造高质量的视觉效果，满足用户大部分可视化需求。

图 6-64

拓展训练

使用KeyShot对模型进行优化吧。

6.5 ▸ 成果展示

成果展示在竞赛中至关重要，对创作者是否能够荣获奖项影响不小。在这一环节，我们需通过精彩的作品效果图或视频动画，全面展现作品的独特之处。成果展示不仅能凸显创作者的才华与技能，还能让观众更深入地理解创作者的设计理念，充分展示作品的创新性和实用性。因此，我们要重视3D作品的成果展示环节。

6.5.1 制作要点

作品是否能获奖，展示视频起了很大的作用。我们制作展示视频需要符合以下几点赛事规定的视频制作要求。

第一是格式要求，通常上交.mp4格式视频，如果是其他格式，要用格式转换软件进行转换。

第二是大小要求，提交的文件总大小建议不超过100MB。如果作品过大，要使用工具进行转制压缩。如使用格式工厂软件在转换格式时进行设置，修改视频码率使视频达到要求大小又不损失画面效果。

第三是时间长度要求，展示视频不建议做得过长，通常不超过5min。简明扼要地介绍作品与参赛主题相关的亮点和技术等。

第四是视频质量要求，展示视频要求画面清晰、明亮、不抖动，录制的声音清楚无杂音。视频最好使用专业设备录制，如果条件不允许，可以使用手机录制，选高清画质，同时一定要使用支架防止抖动。此外，画面介绍中的关键点最好配合文字说明，帮助观者理解。

第五是展示视频要有片头。片头时长一般在5s左右。片头中展示作品、作者、单位和指导教师名称，在左上角最好有参加活动的名称等信息。

第六是展示视频录制完成后应进行适当剪辑和后期处理。如调整画面的亮度、对比度等，同时美化处理可以增加画面的转场效果。

交流讨论

你认为还有哪些要点会影响我们展示视频的效果？

6.5.2　视频录制

脚本是短视频拍摄的核心，短视频的拍摄须遵循脚本。因此，我们要通过脚本明确拍摄方向，预先规划各项工作流程，提升工作效率，确保短视频品质。针对已绘制完成的模型，我们可运用计算机录屏方式进行模型展示。本案例展示视频脚本如表6-7所示。

表6-7

时间/s	录制内容	讲解内容
0 ~ 5	片头	作者、单位、指导教师
5 ~ 15	自我介绍	个人情况、姓名、年级等
15 ~ 35	作品创作灵感介绍	创意来源介绍
35 ~ 200	模型展示、作品功能介绍	主要功能介绍
200 ~ 300	片尾	未来展望与总结

拓展训练

根据脚本的内容，完成展示视频的录制吧。

提高练习

学习了这个案例，你受到了哪些启发？通过对生活的观察和思考，你又发现了哪些问题？你能用学到的知识设计出解决问题的作品吗？

请你也设计出一辆未来的多功能车。参考案例设计步骤，利用组合创造法，与小组伙伴讨论现在的汽车还有哪些不足和有待改进的地方，完成你对未来汽车的创意设计，同时开动脑筋设计出未来汽车的模型，参考图如图6-65所示。

图 6-65

07

第7章
低碳生活治理志愿服务车

案例情况

地区：山东省聊城市

组别：高中组

奖项：省级一等奖（第二十四届全国师生信息素养提升实践活动）

选手：江克赛

指导教师：王增福

科学性：★★★★★

创新性：★★★★★

艺术性：★★★★★

技术性：★★★★★

上手难度：★★★★★

作品简介

随着社会的进步，人们生活水平的不断提高，工农业的迅速发展，汽车尾气、工业废气的排放量逐渐增加，严重影响着人们的生活。为了减少二氧化碳排放量，缓解二氧化碳对人类生态环境的破坏，作品"低碳生活治理志愿服务车"可以肩负空气二氧化碳含量监测、人工造林工程、人工草原建设工程、地形勘测等重任，该车主要有检测、治理和减少二氧化碳排放量等综合性功能。渲染效果如图7-1所示，项目总览如图7-2所示。

图 7-1

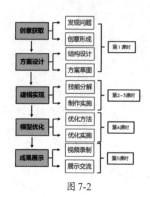

图 7-2

7.1 ▸ 创意获取

在当前的全球背景下，针对二氧化碳的治理方案仍处于探索和完善阶段。我国提出了两大类实施方案：减排和吸收。减排旨在从源头上减少碳排放，而吸收则包括化学吸收和生态系统碳汇两种方式。根据当前技术水平，我国在碳吸收方面主要依赖于生态系统碳汇。为推进天然林资源保护、退耕还林还草、防护林体系等重点生态工程建设，增加森林、草原的面积，助力实现低碳生活目标，小创客设计了低碳生活治理志愿服务车这个3D模型。

7.1.1 发现问题

问题探究

随着社会经济的持续发展，汽车已逐渐成为民众日常出行的主要方式。同时，工业领域的进步亦颇为显著。然而，这些发展进步也带来了不容忽视的问题。当前，汽车排气排放物和工厂生产排放的烟雾等问题日益严重，不仅影响着人们的日常生活品质，更对生态环境造成了显著破坏。在此背景下，小创客通过观察生活细节，深入思考环境污染问题及其解决方案。通过作品"低碳生活治理志愿服务车"，小创客表达了对环境保护的关切，以及对低碳生活方式的倡导。

归纳整合

从问题探究中，我们不难发现，二氧化碳的过量排放逐渐对人们生活的环境造成影响，如导致温室效应。为了改善人们的生活环境，请同学们通过上网查询资料和问卷调查等方法，搜集二氧化碳在生活中过量排放的原因。由于本案例主要是根据低碳生活治理服务车特性设计的3D模型，因此本案例在设计过程中，采用了特性列举法，如表7-1所示。

表7-1

序号	产生的原因
1	汽车尾气
2	工业生产
3	煤炭、天然气的燃烧
4	……

7.1.2　创意形成

创新分析

　　根据列举的二氧化碳产生的原因，作品"低碳生活治理志愿服务车"主要是围绕着检测、治理和减少二氧化碳过量排放等功能设计的一款综合型功能车，该车在功能上主要根据所检测的二氧化碳排放值，进行人工造林和草原建设等，创建绿色环保家园，其主要创新点如表7-2所示。

表7-2

序号	创新点
1	检测二氧化碳
2	地形勘测
3	治理二氧化碳
4	净化二氧化碳

创意描述

　　立意创新是3D创意设计的关键，在3D作品设计过程中，要想设计出优秀的作品，就需要学会观察思考并想办法解决生活中遇到的问题，只有如此，在创作3D作品时才能从生活中找到创新点，使自己创作的作品真正拥有生活的灵魂。做到创意不仅来源于生活，而且高于生活。

　　作品"低碳生活治理志愿服务车"的创作灵感，就是小创客从自己的生活环境中观察和分析二氧化碳产生的源头，以二氧化碳的过量排放对人们生活造成的影响为出发点而激发出的。

归纳整合

　　具体创意功能描述如表7-3所示。

表7-3

创新点	创意功能描述
检测二氧化碳	3D作品"低碳生活治理志愿服务车"车身上装配的二氧化碳监测装置可以便于我们掌握当前位置的二氧化碳含量，从而实现因地制宜的碳治理

续表

创新点	创意功能描述
地形勘测	在设计过程中，为使这款车适应多种复杂道路，选择采用履带车轮
治理二氧化碳	在勘测地形后，可通过驾驶舱内的按键控制林用无人机起飞，在勘测完成的地域内播撒树种或草种，最终实现运用生态治理二氧化碳过量排放
净化二氧化碳	在车尾部设计了排气排放净化装置，目的就是对车工作时产生的尾气进行净化，做到污染气体零排放和大大减少二氧化碳排放

7.2 ▶ 方案设计

一件优秀的3D创意设计作品，其核心在于精心策划的设计方案。因此，我们在推进3D创意设计的过程中，必须高度重视作品的方案设计环节。方案设计涵盖了作品的整体结构、命名及所创建模型的工作原理等诸多要素。通常，这一设计过程以绘制草图的形式开始，我们通过草图精确描绘作品的形态，进而依据这一形态细化作品的结构、命名、功能及色彩等细节。这一严谨、系统的设计流程，为创作出高品质的3D创意设计作品奠定了坚实的基础。

7.2.1 结构设计

功能分析

整个作品的设计主要以"二氧化碳的治理"为中心，展示了"检测二氧化碳""治理二氧化碳""净化二氧化碳""地形勘测"等功能和创新点，具体介绍详见表7-4。

表7-4

组成部分	功能
履带轮	1. 支撑车辆载荷：履带能够支撑车辆的重量。 2. 增加力：履带具有更大的接触面积，这有助于增加与地面的摩擦力和牵引力。 3. 提高行驶稳定性：可以降低车身对地面的冲击，从而获得更稳定的行驶体验和更高的通过性。 4. 适应不同的地形环境：履带可以根据需要调节其节距和宽度，以适应不同的地形环境和负载情况。 5. 保护车身和零部件：履带能够更好地抵抗碎石、沙砾等硬质物体的碰撞，起到一定的防护作用
驾驶舱	该车的控制中心，整车的各项操作均在驾驶舱内完成
光感摄像头	显示前方路况
小型勘测无人机	实时传送画面，对地形进行勘测
二氧化碳检测装置	检测该地的二氧化碳含量，为实现因地制宜的碳治理提供实时数据
机械臂	应对道路上的突发状况，如在进行攀山作业时，可随时移走前方障碍物，使得行进过程更加通畅

续表

组成部分	功能
排气排放净化装置	对传统尾气中的污染气体进行综合治理实现污染气体零排放，同时对于产生的二氧化碳气体，以化学吸附为主，大大减少二氧化碳的排放量
林用无人机	在勘测完成的地域内播撒树种或草种，从而运用生态治理二氧化碳过量排放

归纳整合

根据以上创意功能的分析描述，下一步就可以对创意结构做初步构造了，根据前面设想的各种创意功能，进行作品结构的构思设计，总结见表7-5。

表7-5

创意功能描述	功能结构实现
检测二氧化碳	在志愿服务车左右两侧分别设计一个二氧化碳检测装置和两架二氧化碳检测无人机
不同地形勘测	为志愿服务车设计履带轮、机械臂和光感摄像头
治理二氧化碳	志愿服务车内搭载林用无人机
净化二氧化碳	在车的尾部设计净化尾气中二氧化碳等的装置
其他功能部件	驾驶舱操作区

7.2.2 方案草图

草图要体现作品的创新点，将自己的所创所想以画面的形式直观地呈现出来。绘制作品草图的方式有很多种，既可以手工绘制，也可以借助计算机绘图软件进行设计。

根据对低碳生活治理志愿服务车功能的创意描述，以及对作品的分析，我们可以利用手绘或者计算机软件绘制出作品草图，如图7-3所示。

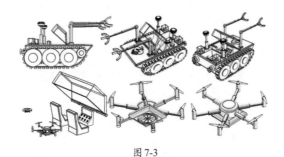

图 7-3

方案优化

低碳生活治理志愿服务车从整体结构上看，主要由履带轮、驾驶舱、机械臂、二氧化碳检测装置、小型勘测无人机、排气排放净化装置、林用无人机和光感摄像头等组成，如图7-4和图7-5所示。

图 7-4   图 7-5

交流讨论

你是否还有更好的方案呢？谈谈你对现有方案的想法。没有灵感的时候，尝试询问一下星火大模型吧，或许会激发出你新的灵感呢！

扫码看视频

7.3 ▶ 建模实现

方案设计的完成是建模工作开始的先决条件。建模，作为一种将设计思路转化为三维实体的技术手段，其核心在于依据方案设计的平面草图进行深度解析，进而探索并应用相应的制作方法和技巧，最终生成3D模型。这一过程实现了从平面到立体的设计转变，为后续的模型制作和应用提供了坚实的基础。

7.3.1 技能分解

根据绘制的草图，讨论模型的设计方法，并探讨如何在3D设计软件中实现，将讨论结果填写在表中，如表7-6所示。

表 7-6

序号	内容	主要方法
1	车体	基本实体——六面体； 草图绘制——直线； 特殊功能——实体分割； 特征造型——圆角
2	驾驶舱	草图绘制——直线； 草图编辑——偏移曲线； 特征造型——拉伸； 组合编辑——减运算
3	履带轮和履带	基本实体——圆柱体、六面体； 草图绘制——参考几何体、直线； 草图编辑——偏移曲线； 基本编辑——缩放、镜像、线性阵列、在曲线上阵列

续表

序号	内容	主要方法
4	驾驶舱操作区	特征造型——拉伸、倒角； 基本编辑——缩放、DE移动、阵列； 草图绘制——矩形； 组合编辑——加运算； 基本实体——六面体、球体
5	座椅	草图绘制——直线、通过点绘制曲线； 特征造型——拉伸、圆角； 基本编辑——镜像
6	二氧化碳检测仪	基本实体——圆柱体； 特征造型——拔模、圆角； 组合编辑——加运算； 特殊功能——抽壳； 基本编辑——移动、阵列、镜像
7	机械臂	基本实体——六面体、圆柱体、球体； 特征造型——圆角、拉伸； 特殊功能——抽壳、圆柱折弯； 基本编辑——移动、阵列、镜像； 组合编辑——加运算； 特殊功能——抽壳
8	驾驶舱遮罩	草图绘制——矩形、参考几何体、圆形、直线； 草图编辑——偏移曲线； 特征造型——拉伸、倒角、扫掠； 组合编辑——加运算、减运算； 特殊功能——抽壳、实体分割
9	光感摄像头	基本编辑——DE移动； 基本实体——六面体、圆柱体、圆环体、球体； 基本编辑——移动、镜像； 特征造型——拉伸； 特殊功能——抽壳； 组合编辑——加运算
10	排气排放净化装置	基本实体——圆柱体； 特征造型——拉伸； 特殊功能——抽壳； 基本编辑——参考几何体； 草图编辑——偏移曲线； 草图绘制——圆形； 基本编辑——阵列、移动、镜像
11	林用无人机、小型勘测无人机	基本实体——圆柱体和圆锥体； 特征造型——圆角、拉伸、旋转； 草图绘制——矩形； 基本编辑——阵列、缩放

续表

序号	内容	主要方法
12	低碳生活治理志愿服务车标志	特殊功能——投影曲线、镶嵌曲线
13	模型视觉效果	颜色工具

本作品的绘制采用的是3D One。为完成该作品的绘制，我们需要掌握3D One的基本知识，如果遗忘了或者暂时不会，请先进行复习或学习！

7.3.2　制作实施

一切准备就绪，我们开始绘制模型吧！

一、制作车体

1. 打开3D One，如图7-6所示。

2. 使用【基本实体】📦中的【六面体】📦命令，在平面网格中创建一个长为150mm、宽为90mm、高为32mm的六面体，如图7-7所示，单击【确定】✔按钮。

 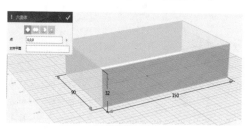

图7-6　　　　　　　　　　　　　　　　　图7-7

3. 切换到前视图，使用【草图绘制】✏中的【直线】✑命令，在六面体前面创建一个草图平面，沿着六面体前面的右上角顶点，画一条斜线，如图7-8所示，单击【确定】✔按钮。

4. 使用【特殊功能】📦中的【实体分割】📦命令，将六面体分割，然后删除多余的部分，如图7-9所示。

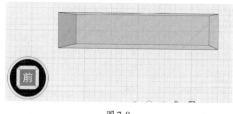 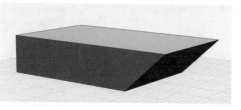

图7-8　　　　　　　　　　　　　　　　　图7-9

5. 使用【特征造型】📦中的【圆角】📦命令，对车体边缘进行圆角处理，圆角参数设为3mm，如图7-10所示，单击【确定】✅按钮。

图7-10

二、制作驾驶舱

1. 使用【草图绘制】✏️中的【直线】╲命令，在车体顶面创建一个草图平面，然后从草图平面的网格中心沿着y轴上下各绘制一条长为39mm的垂直线段，再从草图平面的网格中心沿着x轴绘制一条长为70mm的水平线段，如图7-11所示。

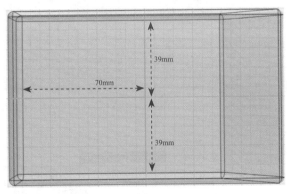

图7-11

想一想：除了文中给出的绘制两条长为39mm的垂直线段方法，你能够使用其他的方法绘制出这两条垂直线吗？

---

2. 使用【草图编辑】▢中的【偏移曲线】↩️命令，对上述绘制的"T"形线中的两条垂直线段进行偏移，在此处注意，要勾选【在两个方向偏移】复选框，然后再将偏移距离设为25mm。使用同样的方法，对"T"形线中的水平线段进行上下两个方向的偏移，偏移距离与垂直线段的相同，如图7-12所示。

3. 分别选中草图中的部分"T"形线并删除，再使用【草图绘制】✏️中的【直线】✎命令，将草图绘制成封闭图形，如图7-13所示。

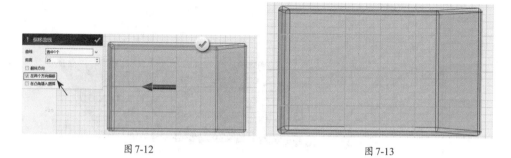

图7-12   图7-13

4. 使用【草图编辑】□中的【单击修剪】╫命令，修剪掉草图中多余的线条，如图7-14和图7-15所示，然后单击【确定】✓按钮和【完成】✓按钮。

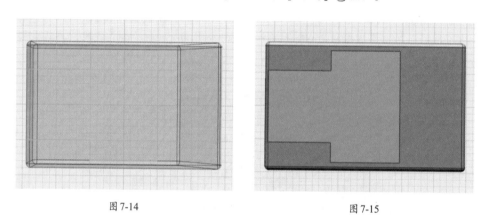

图7-14   图7-15

5. 使用【特征造型】✎中的【拉伸】📦命令，对绘制的草图做拉伸，拉伸的高度为−23mm，注意在弹出的【拉伸】对话框中，将组合方式设为【减运算】◑，如图7-16所示，单击【确定】✓按钮。

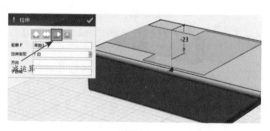

图7-16

想一想：除了使用绘制草图和拉伸的方式制作驾驶舱，有没有其他的方法来制作出驾驶舱呢？

三、制作履带轮和履带

1. 切换到前视图，单击【基本实体】🔧中的【圆柱体】🛢命令，在弹出的【圆柱体】对话框中，将对齐平面选择为车体的前面，然后在对齐平面下边边线中间位置处创建一个半径为20mm、高为10mm的圆柱体，这样就先制作出了一个车轮模型，如图7-17所示。

2. 使用【基本实体】🍖中的【圆柱体】🛢命令，在车轮模型截面中心创建一个半径为5mm、高为−110mm的圆柱体，制作出车轴，如图7-18所示。

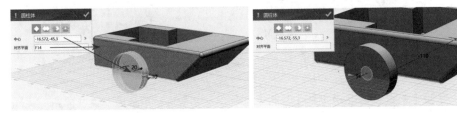

图7-17　　　　　　　　　　　　　　　图7-18

3. 使用同样的方法，在车轮的截面中心创建一个半径为10mm、高为2mm的圆柱体，如图7-19所示。

4. 选中制作的半径为10mm、高为2mm的圆柱体，单击【基本编辑】✛或【快速工具栏】中的【镜像】⚖命令，在弹出的【镜像】对话框中，将点1和点2的位置分别设在车体顶面的前后边线中间位置，如图7-20所示。

图7-19　　　　　　　　　　　　　　　图7-20

5. 使用【组合编辑】🧊中的【加运算】🔗命令，将两个半径为10mm、高为2mm的圆柱体与半径为5mm、高为−110mm的圆柱体进行合并，如图7-21所示。

6. 选中车轴和车轮内圈组合体，按Ctrl+C组合键，在弹出的对话框中，将起始点和目标点分别设为0，对该组合体进行原点复制，如图7-22所示。

图7-21　　　　　　　　　　　　　　　图7-22

7. 使用【组合编辑】◨中的【减运算】⬛命令，对车轮打孔，如图7-23所示。

8. 切换到前视图，选中车轮和车轴，使用【基本编辑】✛中的【移动】▮命令，将车轮和车轴向沿 *x* 轴向左移动40mm，如图7-24所示。

 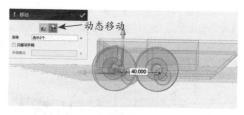

图 7-23　　　　　　　　　　　　　　图 7-24

9. 使用【基本编辑】✛中的【阵列】⦂命令，对车轮和车轴进行线性阵列，将阵列距离设为80mm、阵列数量设为3，如图7-25所示。

10. 选中车轮和车轴，按Ctrl+C组合键，在弹出的【复制】对话框中，将起始点和目标点分别设为0，对车轮和车轴进行原点复制，如图7-26所示。

 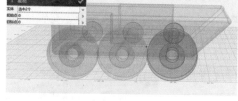

图 7-25　　　　　　　　　　　　　　图 7-26

11. 在按住Shift键的同时单击车轮和车轴，将其同时选取，接着使用【基本编辑】✛或【快速工具栏】中的【移动】▮命令，将其沿着 *x* 轴向上移动10mm，然后再沿着 *y* 轴移动 −28.5mm，如图7-27和图7-28所示。

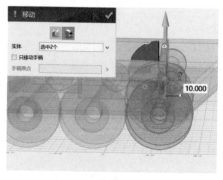 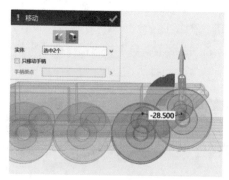

图 7-27　　　　　　　　　　　　　　图 7-28

12. 单击【基本编辑】✛中的【缩放】🔘命令，在弹出的【缩放】对话框中，将【方法】切换为"非均匀"，将【Z比例】设为"0.5"、【Y比例】设为"1"、【Z比例】设为"0.5"，如图7-29所示。

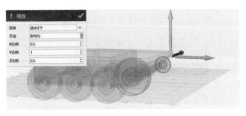

图7-29

13. 切换到前视图，使用【草图绘制】🖊中的【参考几何体】📐命令，在车轮截面创建一个草图平面，然后依次单击后轮、前轮和小轮边线，接着再使用【草图绘制】🖊中的【直线】✎命令，将通过【参考几何体】📐生成的3个圆连接起来（在这里，使用直线连接圆时，注意连接的直线是圆的切线），如图7-30和图7-31所示。

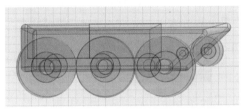

图7-30

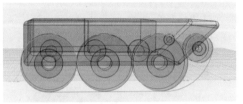

图7-31

14. 使用【草图编辑】▢中的【单击修剪】✂命令，修剪多余的边线，如图7-32所示。

15. 使用【显示曲线连通性】命令，查看绘制的草图是否显示红色方形符号和红色三角形符号，如图7-33所示；接着根据查看的结果，使用【草图编辑】▢中【单击修剪】✂命令，修剪查出的多余曲线（在这里注意，为了方便查看多余曲线，可以放大画面，然后根据查看的结果，对多余的曲线进行修剪），如图7-34所示。

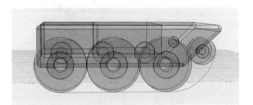

图7-32

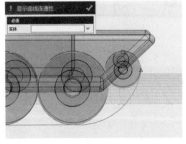

图7-33

图7-34

16. 使用【草图编辑】□中的【偏移曲线】↷命令，对绘制的草图曲线进行偏移，偏移距离设为2mm，如图7-35和图7-36所示，单击【确定】✔️按钮和【完成】✅按钮。

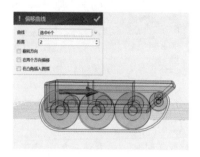

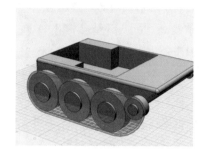

图7-35   图7-36

17. 使用【特征造型】◈或【快速工具栏】中的【拉伸】▤命令，对绘制的草图进行拉伸，将拉伸的长度设为−5mm，然后使用【基本编辑】✛或【快速工具栏】中的【移动】⬙命令，将履带沿着y轴移动−2.5mm，如图7-37和图7-38所示。

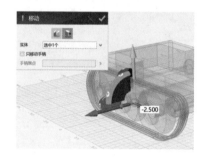

图7-37   图7-38

18. 切换到前视图，使用【基本实体】🖌中的【六面体】▤命令，在弹出的【六面体】对话框中，将对齐平面选为履带截面，将基准点设在履带截面上边缘中心，将六面体的长度设为−10mm、宽度设为5mm、高度设为3mm，如图7-39所示。

19. 使用【基本编辑】✛或【快速工具栏】中的【移动】⬙命令，将六面体沿着y轴移动2.5mm，如图7-40所示。

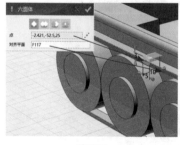

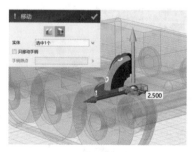

图7-39   图7-40

20. 切换到前视图，单击【基本编辑】✛中的【阵列】⠿命令，在弹出的【阵列】对话框中，将阵列方式切换为【在曲线上】⠿，将基体选为步骤18创建的六面体、边界设为履带边线、间距设为9mm、阵列数量设为12（阵列数量根据实际情况而定），如图7-41所示。

21. 选中阵列的最后一个六面体，按Ctrl+C组合键，在弹出的【复制】对话框中，将起始点和目标点分别设为0，对六面体进行原点复制，如图7-42所示。

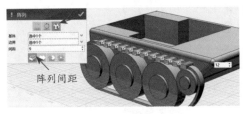

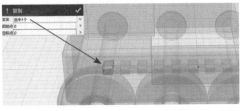

图7-41　　　　　　　　　　　　　　　　图7-42

22. 将复制的六面体沿着x轴移动9mm，然后对其进行在曲线上阵列，将阵列数量设为8、阵列间距设为9mm，如图7-43和图7-44所示。

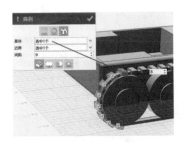

图7-43　　　　　　　　　　　　　　　　图7-44

23. 同理，使用原点复制、移动和在曲线上阵列，制作出剩下的履带齿（注意，这里可以根据实际情况调整阵列间距和阵列数量）。接下来，单击【组合编辑】⬛中的【加运算】⟐命令，在弹出的对话框中，将基体选为履带，合并体选为履带齿，完成履带齿和履带的合并，如图7-45和图7-46所示。

图7-45　　　　　　　　　　　　　　　　图7-46

24. 按住Shift键，依次单击4个车轮和履带，将其选中，单击【基本编辑】✛中的【镜像】⚠命令，在弹出的【镜像】对话框中，将点1和点2位置分别设在驾驶舱顶面的前后边线中间，如图7-47所示。

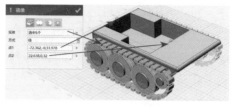

图7-47

四、制作驾驶舱操作区

1. 选中驾驶舱内的前面，单击【特征造型】✐中的【拉伸】◻命令，拉伸长度设为 −10mm，如图7-48所示；单击【基本编辑】✛中的【缩放】命令，在弹出的对话框中，将【Y比例】设为"0.3"，如图7-49所示。

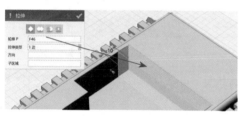

图7-48   图7-49

2. 单击【基本编辑】✛中的【DE移动】命令，将拉伸缩放后的六面体的顶面沿着z轴移动 −12mm，如图7-50所示；单击【特征造型】✐中的【倒角】命令，对操作台六面体倒角，倒角参数为7mm，如图7-51所示，制作出操作台。

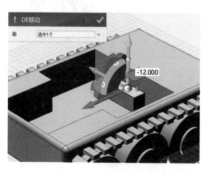

图7-50

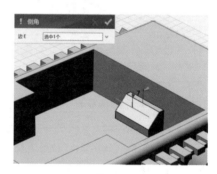

图7-51

3. 单击【基本实体】中的【六面体】◻命令，在操作台斜面左下角适当位置创建一个长为1.7mm、宽为2.5mm、高为1mm的六面体，如图7-52所示，单击【确定】✓按钮，创建一个操作台按钮。

4. 单击【特征造型】✐或【快速工具栏】中的【倒角】命令，对创建的操作台按钮的边线倒角，倒角参数设为0.3mm，如图7-53所示，单击【确定】✓按钮。

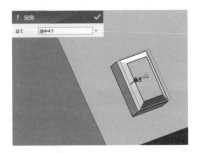

图 7-52   图 7-53

5. 使用【基本编辑】✛或者【快速工具栏】中的【阵列】▦命令，在打开的【阵列】对话框中，将阵列方式选为"线性阵列"，沿着水平方向（红色箭头）进行阵列，将阵列距离设为19mm、阵列数量设为4，将方向D设为操作台斜面边缘，阵列距离设为4.5mm、阵列数量设为2，如图7-54所示。

6. 使用【特征造型】⚙中的【拉伸】▢命令，对操作台顶面进行拉伸，拉伸的长度为-10mm，如图7-55所示，制作操作台显示屏。

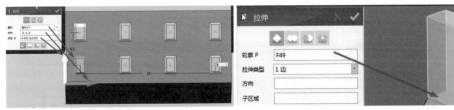

图 7-54   图 7-55

7. 使用【基本实体】中的【六面体】▭命令，在操作台显示屏前面的中心位置，创建一个长为21mm、宽为-0.5mm、高为8mm的六面体，注意在弹出的【六面体】对话框中，将组合方式切换到【减运算】，如图7-56所示。

8. 使用【特征造型】⚙中的【倒角】⬦命令，对操作台显示屏内边线倒角，倒角参数为0.5mm，如图7-57所示。

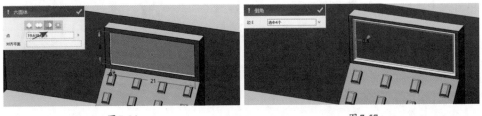

图 7-56   图 7-57

9. 使用【组合编辑】⬢中的【加运算】命令，对操作台和显示屏进行合并。

10. 使用【基本实体】🎨中的【六面体】⬛命令，在驾驶舱底面中心创建一个长、宽、高各为5mm、5mm、2mm的六面体，如图7-58所示；在这个六面体顶面中心创建一个半径为1mm、高为10mm的圆柱体，如图7-59所示。

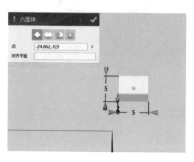

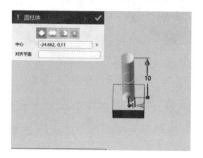

图7-58   图7-59

11. 使用【基本实体】🎨中的【球体】●命令，在圆柱体的顶面中心添加一个半径为2mm的球体，如图7-60所示；再使用【组合编辑】📦中的【加运算】🔲命令，将球体、圆柱体和六面体等合并为一体，并且沿着x轴移动−18mm，如图7-61所示，操作杆即绘制完成。

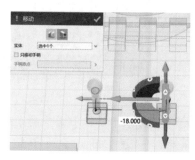

图7-60   图7-61

12. 选中单个操作杆，单击【基本编辑】✛中的【阵列】▦命令，在弹出的【阵列】对话框中，将阵列方式设为"线性阵列"，将阵列间距设为15mm、阵列数量设为3，如图7-62所示，并且使用【组合编辑】

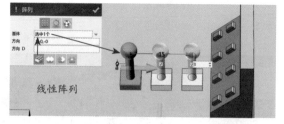

图7-62

📦中的【加运算】🔲命令，使其与车体合并为一体。

五、制作座椅

1. 单击【草图绘制】✏中的【直线】╲命令，在驾驶舱内左侧平面区域（相对于车

体前后而言）的中心创建一个草图平面，使用【直
线】✏和【通过点绘制曲线】〰命令绘制座椅草
图，如图7-63所示，单击【确定】✅按钮和【完成】
✅按钮。

2. 使用【特征造型】🔧中的【拉伸】📦命
令，对绘制的座椅草图进行拉伸，拉伸的长度
为20mm，并且沿着y轴移动10mm，如图7-64和
图7-65所示，单击【确定】✅按钮。

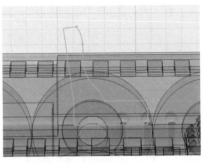

图 7-63

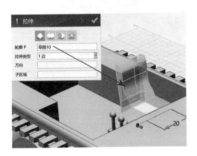

图 7-64

图 7-65

3. 使用【特征造型】🔧中的【圆角】🔲命令，对座椅边线进行圆角处理，圆角半
径为1mm，如图7-66所示，单击【确定】✅按钮。

4. 选中座椅，单击【基本编辑】✥中的【镜像】⬖命令，在弹出的【镜像】对话
框中，将点1和点2位置分别设在车体顶面的前后边线中间，如图7-67所示，单击【确
定】✅按钮。

图 7-66

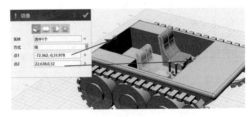

图 7-67

由于篇幅有限，读者可扫码观看二氧化碳检测仪、机械臂、驾驶舱
遮罩、光感摄像头、排气排放净化装置、林用无人机、小型勘测无人机、
低碳生活治理志愿服务车标志的绘制过程。

扫码看视频

六、合并零部件和上色

完成各部分绘制之后，就可以合并各个零部件以及为其添加颜色。

1. 使用【组合编辑】■中的【加运算】■命令，对服务车需要合并的零部件进行合并，使其成为一体，如图7-68所示。

2. 使用【颜色】●命令，对服务车各个部分上色，如图7-69所示。

图7-68   图7-69

练习与思考

根据以上绘制步骤，你能够绘制出模型吗？如果不能，问题在哪儿？

7.4 模型优化

创建完3D模型后，需深入剖析技术细节，关注工程实践和艺术表现。通过完善与修正，打造技术精湛、实用性强、艺术感染力强的三维佳作。

7.4.1 优化方法

再优秀的作品，也不一定是完美的，难免会存在一些问题，这就需要后期对创建的3D 模型进行优化。在模型优化过程中，我们可以根据模型的艺术性、技术性、科学性等不同的角度对所创建的模型进行分析、交流，然后再根据分析、交流的结果对模型进行优化。

归纳整合

我们可以基于绘制好的模型进行交流讨论，从而实现对模型的优化，详细讨论的内容如表7-7所示。

表7-7

优化分类	优化内容	优化办法
艺术性	林用无人机舱内壁	使用DE面偏移调整机舱内壁尺寸
艺术性	机械臂夹爪偏大	使用DE面偏移调整夹爪长度和大小
艺术性	模型棱边	圆角处理

7.4.2 优化实施

根据交流讨论结果，小创客准备从几个方面进行优化：首先给所有模型块的直边线尽可能地做圆角处理，其次要对作品进行色彩渲染，为了创造出更富有生活气息的效果，选用KeyShot渲染工具。

优化前后的效果如图7-70、图7-71所示。

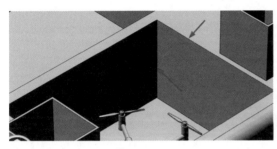 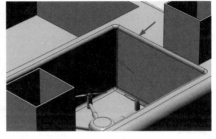

图 7-70   图 7-71

7.5 ▶ 成果展示

在完成三维模型设计后，为了有效地传达设计过程、方法以及作品特色，我们需借助视频和PPT等媒介。通过视频和PPT等，观众可以直观地了解作品从构思到完成的整个流程，以及作品所展现的独特之处。这不仅能增强观众对作品的理解，还能提升他们对设计工作的认识和欣赏。

7.5.1 视频录制

我们可以采用计算机录屏的形式对完成的模型做介绍。在开始录制前，先讨论并完成录制脚本的编写，以便于成功录制，如表7-8所示。

表7-8

时间/s	录制内容	讲解内容
0~5	模型名称	无
5~15	软件初始界面	自我介绍开场
15~25	模型整体展示	总说模型
25~55	模型整体	创意来源介绍
55~260	各功能结构部分	功能介绍
260~300	模型整体	未来展望与总结

视频实战

根据录制脚本的内容，完成展示视频的录制。

7.5.2 展示交流

（1）项目展示。

方案1：以小组为单位展示作品，谈谈自己的心得体会。

方案2：由学生代表与指导教师组成评审组，各组制作汇报材料并进行答辩。

（2）交流评价。

根据完成情况，完成评分，如表7-9所示。

表7-9

组号	主题内容（30分）	科学技术（30分）	艺术表现（20分）	展示分享（20分）	总分（100分）
第一组					
第二组					
第三组					
第四组					
第五组					
第六组					

（3）表现最好的小组代表交流感受。

提高练习

教室是我们学习的主阵地，随着社会的发展，虽然教学设备有了一定的更新，基本上满足了现代数字化教育教学需求，但是相对于未来的发展要求，还是存在很多可以改进的地方。

参考案例设计步骤，利用特性列举法，针对自己所在教室的情况进行小组讨论，找出有哪些可以改进的地方，你会如何设计智能化的教室呢？参考图片如图7-72所示。

图 7-72

附录　历年获奖案例集锦

通过前几章的获奖作品解析，相信聪明的你一定对创意获取、案例设计、模型绘制、作品参赛及获奖有了更多的了解。为了让你能打开"脑洞"，编者找到了近几年市、省、国赛的几十个优秀案例作品，并按不同的参赛主题进行了整理。这些获奖作品的资源包括作品真实的获奖证书、作品的源文件、作品说明文档及作品的展示视频等。这些作品案例涵盖了小学到高中全学段，观摩学习这些作品对你参赛一定会有所启发和帮助。

本附录中所有获奖作品为真实获奖案例，仅供学习和参考。希望各位同学通过学习和参考参赛获奖作品能打开自己的思路，提升自己的能力。

附录1　生活中的创新解决方案

一、竞赛主题

近两年全国师生信息素养提升实践活动中3D创意设计赛项对竞赛主题的描述如下。

使用各类计算机三维设计软件创作作品；思考、发现日常生活中有待改善的地方，提出创新解决方案；要求提交的文件包括设计说明文档、源文件、演示动画（建议格式为MP4）和作品缩略图等。小创客需要首先完成设计说明文档，再根据设计说明文档，进行三维建模、3D打印、零件装配，并制作相关功能演示动画或视频。

作品文件具体要求如下：所有文档总大小建议不超过100MB；作品设计的实物尺寸不超过150mm×200mm×200mm，厚度不小于2mm；提交文件中建议包含3D打印实物照片。

根据赛项指南要求小创客通过观察发现日常生活中的问题，思考解决的方法，并使用三维设计软件根据解决问题的方案绘制解决问题的模型。

二、获奖作品分享（见表F-1）

表F-1

作品名称	内容简述	扫码查看
太阳能旋转木马（小学）	2019年第二十届全国中小学电脑制作活动国赛三等奖作品。高士瑜同学通过观察发现游乐场坐的旋转木马都是用电带动的。她在高彦召老师的指导下制作出了太阳能旋转木马模型	
共享雨衣箱（小学）	2019年第二十届全国中小学电脑制作活动国赛一等奖作品，此作品还申请了专利。小创客王珑宇、胡家俾两位同学在黄青老师的指导下设计了共享雨衣箱，解决了因下雨天未带伞而在地铁口滞留、拥堵的人群，保障了人们的安全出行	

续表

作品名称	内容简述	扫码查看
社区人工智能辅助凉亭（小学）	2023年第二十四届全国师生信息素养提升实践活动辽宁省一等奖作品。小创客虎小牧在指导老师张文字的帮助下设计出社区人工智能辅助凉亭，希望自己的作品可以帮助更多行动不便的老人	
新型自行车停车架（初中）	2022年第二十三届全国师生信息素养提升实践活动入围国奖作品。小创客陈清杨在指导老师陈毅的指导下对自行车后座进行重新设计，从而节约了停车空间并降低了停车成本	
新型卫生间（高中）	2023年第二十四届全国师生信息素养提升实践活动入围国奖作品。小创客陈嘉和设计的智能新型卫生间，在刘丽彩老师的指导下提升了人们的如厕环境，让人心情更舒适	
多功能纸巾收纳盒（高中）	2023年第二十四届全国师生信息素养提升实践活动入围国奖作品。这款多功能纸巾收纳盒是唐豪同学在指导老师杨基松的指导下设计完成的，该作品不仅具有收纳的作用，还实现了更多其他的功能	

附录2 智慧生活

一、竞赛主题

第二十一届全国中小学电脑制作活动的指南中，3D创意设计赛项的竞赛主题为"智慧生活"，赛项主题描述如下。

参考生活中的常见事物，使用各类计算机三维设计软件创作作品；要求提交的文件包括设计说明文档、源文件、演示动画（建议格式为MP4）和作品缩略图等。小创客需要首先完成设计说明文档，再根据设计说明文档，进行三维建模、3D打印、零件装配，并制作相关功能演示动画或视频。

作品文件具体要求如下：所有文档总大小建议不超过100MB。作品设计的实物尺寸不超过150mm×200mm×200mm，厚度不小于2mm；提交文件中建议包含3D打印实物照片。

根据赛项指南要求小创客通过观察参考生活中的常见事物，使用各类计算机三维设计软件创作设计的作品。

二、获奖作品分享（见表F-2）

表F-2

作品名称	内容简述	扫码查看
 智能共享路灯（小学）	2022年第二十三届全国师生信息素养提升实践活动入围国奖的作品。小创客唐湛轩在关亚峰老师的指导下设计的这款路灯是依靠太阳能供电并且根据亮度自动感应的智能路灯。它的下面储有雨伞，雨天路人可以通过扫码付费使用	
 多功能绿色环保清洁车（小学）	2019年第二十届全国中小学电脑制作活动国赛一等奖作品。白振轩同学特别关注地球环境恶化和沙漠化问题，在张东青老师的指导下他设计了用于在恶劣的环境下进行清洁的多功能绿色环保清洁车	
 我的校园（初中）	2023年第二十四届全国师生信息素养提升实践活动吉林省一等奖作品。小创客田爱茜同学在指导老师王秀辉的指导下设计出拥有配套的公共服务设施，如体育设施的未来学校	
 导盲机器人（初中）	2020年第二十一届全国中小学电脑制作活动湖南省二等奖作品。谢子翔同学特别关注盲人生活的不便，为了解决这个问题，在陈毅老师的指导下，他设计了一种避障导盲的探路车，其经济性和实用性较好，并且能通过声音遥控，具有自动避障功能	
 喷洒型秸秆地膜系统（高中）	2019年第二十届全国中小学电脑制作活动国赛二等奖作品。我国旱地已经非常普遍采用地膜保湿除草，然而塑料地膜却已经成为土地污染的重要源头。小创客文兴在熊春复老师的指导下设计的喷洒覆盖式秸秆地膜系统就非常环保	
 可定位智能分类垃圾桶（高中）	2018年全国中小学电脑制作活动新疆一等奖作品。如果垃圾不能被及时清扫和分类就会污染环境——垃圾桶自己是否能完成这些工作？小创客张文在刘丽彩老师的指导下设计出可定位智能分类垃圾桶，有效保护我们的生活环境，使街道更整洁	

附录3 保护地球的"眼睛"

一、竞赛主题

第二十届全国中小学电脑制作活动的指南中，3D创意设计赛项竞赛主题为"未来智造设计"。赛项主题描述如下。

"要像保护眼睛一样保护生态环境，像对待生命一样对待生态环境"，在当今时代人类要思考如何保护生态环境，正确认识人与自然的关系，运用创新的手段去减少对生态环境的损害。要求提交的文件包括设计说明文档、源文件、演示动画（建议格式为MP4）和作品缩略图等。小创客需要首先完成设计说明文档，再根据设计说明文档，进行三维建模、3D打印、零件装配，并制作相关功能演示动画或视频。

作品文件具体要求如下：所有文档总大小建议不超过100MB；作品设计的实物尺寸不超过150mm×200mm×200mm，厚度不小于2mm；提交文件中建议包含3D打印实物照片。

根据赛项指南要求小创客设计一个可以解决问题或改善现状的创意作品，小创客在充分发挥想象力的同时，应适当兼顾作品的现实合理性及可实现性。

二、获奖作品分享（见表F-3）

表F-3

作品名称	内容简述	扫码查看
高速公路清理器（小学）	2023年第二十四届全国师生信息素养提升实践活动辽宁省二等奖作品。小创客时清淼在张文宇老师的指导下设计了这款高速公路清洁机器人，以便清洁高速公路上的垃圾，并希望以后可以应用到现实中帮助解决环境问题	
新能源多功能水面巡逻兵（初中）	2019年第二十届全国中小学电脑制作活动国赛二等奖作品。两位小创客曾繁雨、曾繁果在周鹏老师的指导下设计了一种无人驾驶水面垃圾清理船，基本上不需要充电即可连续巡航行驶在宽敞的湖面、海面上捕捞垃圾，保护生态环境	
水面垃圾清洁船（初中）	2020年第二十一届全国中小学电脑制作活动重庆市一等奖作品。如今海洋污染越来越严重，如果不及时打捞处理海洋垃圾，将对水体生物造成很严重的影响，因此小创客谭皓鸣在冉秋霞老师的指导下设计了一款水面垃圾清洁船来改善这种情况	

作品名称	内容简述	扫码查看
环保卫士——清天柱（初中）	2019年第二十届全国中小学电脑制作活动国赛一等奖作品。汽车尾气的排放是造成环境污染的一个重要原因，但是人类的生活又离不开汽车。小创客林俊宇在指导老师冉秋霞的指导下设计出既无有害尾气排放又具有净化空气功能，从而保护我们生态环境的汽车	
智能森林巡逻车（初中）	2019年第二十届全国中小学电脑制作活动重庆市一等奖作品。因为不时出现森林大火，加上乱砍滥伐，森林已经不似从前那样美丽了。此外，护林员们日日夜夜地忙碌，十分辛苦。小创客阳宁在冉秋霞老师的指导下制作了森林巡逻车。这是日常用来巡逻和处理应急情况的智能森林巡逻车	
智能沙漠治理车（高中）	2019年第二十届全国中小学电脑制作活动湖南省一等奖作品。小创客袁鹏在熊春复老师的指导下设计了用太阳光线来汇集热量，高温烧结沙粒，形成网格化改善沙漠土地的水分含量，从而逐步将荒芜的沙漠变成适宜居住的绿洲的作品	